ÖKOLOGISCHE

SCHWEINE/ GEFLÜGEL-FÜTTERUNG

Der **Österreichische Agrarverlag** ist ein renommierter Fachbuchverlag im Bereich (Bio-) Landwirtschaft, der österreichische Verein **Bio ERNTE Austria** Europas größter Bio-Verband.

Die Vertriebs- und Werbekooperation zu diesem Buch hat zum Inhalt, das brandaktuelle Thema Bio-Landwirtschaft sowohl in die traditionellen Zielgruppen zu tragen als auch einer breiten Öffentlichkeit zugänglich zu machen.

Bei den Autoren handelt es sich um unabhängige, renommierte Wissenschaftler, die keinem Verband verpflichtet sind.

Die Ziele der engagierten Bio-Bauern sind heute – nach zahlreichen Lebensmittelskandalen – wichtiger denn je: Biologische Landwirtschaft soll gesunde Nahrungsmittel und eine intakte Umwelt sichern. Dieser Leitsatz hat Bio Ernte Austria zum Erfolg geführt – und er sorgt weiter für Aufwind. Denn immer mehr junge, zukunftsorientierte Bauern widmen sich der Bio-Idee, die auch bei den Konsumenten auf wachsendes Interesse stößt. So gab es etwa anno 1980 in ganz Österreich nur rund 200 Bio-Bauern, während heute bereits 12.000 Landwirte nach strengen Bio-Richtlinien wirtschaften.

Biologische Landwirtschaft ist das Schlüsselwort für die Zukunft.

In diesem Sinne hoffen wir, unseren Lesern viel Wissenswertes zu vermitteln.

WERNER ZOLLITSCH
ELISABETH WAGNER
SONJA WLCEK

ÖKOLOGISCHE

SCHWEINE/ GEFLÜGEL-FÜTTERUNG

ZUKUNFT
BIOLANDWIRTSCHAFT

Österreichischer Agrarverlag

IMPRESSUM

EIGENTÜMER, HERAUSGEBER & VERLEGER:
© 2002 Österreichischer Agrarverlag
Druck- und Verlagsges.m.b.H. Nfg.KG,
Achauerstraße 49A, A-2335 Leopoldsdorf
Internet: www.agrarverlag.at
E-Mail: buch@agrarverlag.at

PROJEKTLEITUNG & LEKTORAT:
Katharina Schober, Österreichischer Agrarverlag

UMSCHLAGBILDER: Freiland Verband, Wien

GRAFISCHE GESTALTUNG & SATZ:
armanda,geisler Wien

DRUCK:
Druckerei Berger, Horn

Printed in Austria

1. Auflage

ISBN 3-7040-1915-1

Inhalt

Vorwort

Die Entwicklung des Ökologischen Landbaus hat in den letzten Jahren für einige Bereiche ein Abrücken vom Ideal des Bio-Betriebs als organischem Ganzen gebracht. Anders als noch vor rund 10 Jahren stellen BetriebsleiterInnen ihre Wirtschaftsweise nicht mehr nur wegen eines mehr oder weniger konkreten Unbehagens über die konventionelle Art der Landbewirtschaftung um. Betriebswirtschaftliche Motive angesichts verlockender Markt- und Absatzchancen gewinnen mehr und mehr an Bedeutung. Dies hat unter anderem dazu geführt, dass heute viele Betriebe ihre Tierhaltung auf Schwein und Geflügel ausgerichtet haben. Die Ernährung dieser Tierarten ist auf biologisch bewirtschafteten Betrieben allerdings ungleich schwieriger zu bewerkstelligen als auf konventionell geführten.

Wissenschaftlich fundierte Konzepte zur Einbindung von Nicht-Wiederkäuern in Ökologische Landbausysteme und zu systemkonformen Fütterungsstrategien fehlen weitestgehend. Diskussionsbeiträge zur Tierernährung resultieren meist aus zwei gegensätzlichen Sichtweisen: Entweder wird durch das Feststellen einer Nährstoff-Fehlversorgung die Fragwürdigkeit der Ökologischen Tierhaltung belegt oder im anderen Extrem wird die Anwendung (konventioneller) Techniken der Futteranalyse und Rationsoptimierung generell infrage gestellt.

Zwischen diesen beiden Polen werden Bio-Bäuerinnen und -Bauern samt ihren Tieren und einzelnen engagierten BeraterInnen sich selbst überlassen.

Aufgrund dieser unbefriedigenden Situation und nach den persönlichen Erfahrungen mit der Fütterung auf Bio-Betrieben aus mehreren Feldstudien haben wir die Anregung des Agrarverlags, dieses Buch zu schreiben, gerne aufgenommen. Es soll den Stand der Informationen für PraktikerInnen und BeraterInnen zusammenfassen und Hilfestellung zur Lösung von Fütterungsfragen geben, ohne die Werte und Zielvorstellungen des Ökologischen Landbaus aus den Augen zu verlieren. Dementsprechend verstehen wir dieses Buch nicht als abgeschlossene Handlungsanleitung, sondern als Beitrag für kritische LeserInnen, die sich mit möglichen Konzepten der Ökologischen Fütterung von Schwein und Geflügel auseinandersetzen wollen.

Wien, September 2002

Werner Zollitsch
Elisabeth Wagner
Sonja Wlcek

1 Schwein und Geflügel im Biolandbau

Nach den Prinzipien der Biologischen Landwirtschaft sind Tiere ein wichtiger Bestandteil des Gesamtbetriebes. Sie liefern nicht nur Produkte, die gewinnbringend vermarktet werden können, sie sind für eine nachhaltige Wirtschaftsweise in den meisten Fällen unverzichtbar. Die Verwertung von betriebseigenen Futtermitteln aus einer dem Standort angepassten Fruchtfolge und die Rückführung des wertvollen tierischen Düngers tragen zur Funktion des Betriebsorganismus bei.

Aufgrund der arteigenen Ansprüche an die Futtergrundlage können Schwein und Geflügel im Bio-Landbau nicht die gleiche Funktion wie Wiederkäuer einnehmen. Ökologisch wirtschaftende Betriebe, die sich auf die Haltung von Schweinen oder Geflügel spezialisieren, müssen einerseits größere Anstrengungen unternehmen, um die Ernährungsansprüche ihrer Tiere zu decken; andererseits können Schweine und Geflügel häufig nicht im gleichen Ausmaß zur System-Stabilisierung beitragen, wie das Wiederkäuer und vor allem Rinder tun. Ihre ökologische Leistung in Form von Beiträgen zur innerbetrieblichen Nährstoffdynamik (Verzehr von Pflanzen des Grünlandes und Feldfutterbaus,

Zwischenfrüchten, Ernteresten etc. und Rücklieferung großer Mengen an organischem Dünger) ist üblicherweise deutlich geringer. Diese „Teilleistungsschwächen" können langfristig nur durch die Weiterentwicklung des gesamten Betriebszweigs und seiner systemverträglichen Positionierung (z.B. Einbindung mobiler Tierhaltungssysteme in die Fruchtfolge) ausgeglichen werden.

Aus betriebswirtschaftlichen Motiven und getrieben von einer steigenden Nachfrage nach ökologisch erzeugtem Geflügel- und Schweinefleisch sowie Eiern interessieren sich trotz der oben erwähnten punktuellen Nachteile immer mehr Öko-LandwirtInnen für die Haltung von Schweinen und Geflügel. Während KonsumentInnen zumeist vordergründig an den Haltungsbedingungen der Tiere interessiert sind, stellt für die Bio-Bauern und -Bäuerinnen neben der Haltungstechnik auch die richtige Ernährung ein ernst zu nehmendes Problemfeld dar. Dies umso mehr, je stärker auch im Öko-Landbau „moderne Tierherkünfte" mit entsprechend hoher genetischer Leistungsveranlagung gehalten werden. Eine systemverträgliche Fütterung kann daher nicht von der Frage ökologisch vertretbarer Zuchtziele getrennt diskutiert werden.

Die Ernährung von Schwein und Geflügel in der Ökologischen Landwirtschaft unterscheidet sich von der konventionellen Fütterung nicht nur durch detaillierte legistische Einschränkungen wie den Verzicht auf bestimmte Futtermittel (Extraktionsschrote, verschiedene synthetische Futterzusatzstoffe etc.), sondern vielmehr durch eine grundlegend andere Sichtweise des Lebewesens Nutztier. Dessen arteigene Ansprüche sind nicht nur bei der Gestaltung der Haltungsumwelt, sondern auch bei der Fütterung so weit als möglich zu decken.

Idealerweise sollte die Fütterung von Tieren auf Öko-Betrieben daher so erfolgen, dass

- sie mit allen wichtigen Nährstoffen soweit versorgt werden, dass sie gesund bleiben und eine ausreichend hohe Leistung erbringen können,
- sie mit Futtermitteln ernährt werden, die ihrer anatomisch-physiologischen Ausstattung angepasst sind,
- sie ihr artspezifisches Verhalten entsprechend ausüben können,
- die Ziele des Biologischen Landbaus (ökologisch verträgliche Erzeugung tierischer Produkte, geschlossene Nährstoffkreisläufe, möglichst geringer Einsatz nicht erneuerbarer Ressourcen etc.) gewahrt bleiben.

Die konkrete Umsetzung dieser Zielvorstellungen muss für jeden Betrieb individuell erfolgen, wenn stabilisierende Maßnahmen wie Futterzukauf, Einsatz synthetischer Ergänzungsfuttermittel und ähnliches auf ein Minimum beschränkt werden sollen.

2
Von Rechts wegen...

Ökologisch wirtschaftende Betriebe müssen seit 1991 bzw. in Österreich seit dem Beitritt zur Europäischen Union die gesetzlichen Regelungen der **EU-Verordnung Nr. 2092/1991** einhalten. Darin sind Vorschriften für die Erzeugung und Verarbeitung pflanzlicher und tierischer Produkte enthalten, die die Bezeichnung „aus biologischer [bzw. ökologischer] Landwirtschaft", „aus biologischem [bzw. ökologischem] Landbau" bzw. „aus biologischem [bzw. ökologischem] Anbau" tragen dürfen. Zusätzlich ist das Kontrollsystem (1x pro Jahr, unangemeldet, von einer staatlich anerkannten Bio-Kontrollstelle etc.) seither europaweit gesetzlich geregelt.

Für den Bereich der Tierhaltung gilt seit 19. Juli 1999 ergänzend die **EU-Verordnung Nr. 1804/1999** zur Einbeziehung der tierischen Erzeugung in den Geltungsbereich der „Verordnung (EWG) Nr. 2092/91 über den ökologischen Landbau [...]". Diese Verordnung ersetzt die Regelungen des bis dahin geltenden Österreichischen Lebensmittel-Codex'. Nur in gewissen Ausnahmefällen, die entweder in der EU-Verordnung nicht geregelt sind oder für die Übergangsfristen vorgesehen sind, gelten weiterhin die „Codex"-Bestimmungen.

An dieser Stelle sollen nur die wichtigsten Teile, die die Fütterung von Schweinen und Geflügel betreffen, zusammengefasst werden. Grundsätzlich wird im Anhang 1B der Verordnung angeführt, dass das Futter „eher der Qualitätsproduktion als der Maximierung der Erzeugung" dient.

TIPP

Im Internet sind die wichtigsten Gesetzestexte und Verordnungen der EU veröffentlicht („Europa-Lexikon", http://www.europa.eu.int/eur-lex/de/). Die aktuelle Fassung der EU-Verordnung 2092/91 kann von der Web-Site des Institutes für Ökologischen Landbau der Universität für Bodenkultur Wien (http://www.boku.ac.at/oekoland/MitarbeiterInnen/Vogl_Certification) als pdf-Datei heruntergeladen werden.

Die Tiere, deren Produkte als Bio-Produkte vermarktet werden sollen, müssen mit ökologisch erzeugten Futtermitteln gefüttert werden (Tab. 1). Nur wenn „dem Landwirt eine ausschließliche Versorgung mit Futtermitteln aus Ökologischem Landbau nicht möglich ist", dürfen Futtermittel eingesetzt werden, die nicht aus Ökologischer Landwirtschaft stammen. Allerdings dürfen diese konventionellen Futtermittel einen gewissen Anteil in der Ration nicht überschreiten (Tab. 2) und nur dann verwendet werden, wenn sie im Anhang II, Teil C der Verordnung angeführt sind. Dieser Anhang soll 2005 mit dem Ziel überarbeitet werden, konventionelle Futtermittel zu streichen. Wenn also bis dahin ausreichende Mengen an Bio-Futtermitteln in der Europäischen Union erhältlich sind, dürfen die betreffenden Futtermittel in Zukunft nicht mehr aus konventionell wirtschaftenden Betrieben zugekauft werden.

Generell sind alle Futtermittel, Futterzusatzstoffe und Verarbeitungshilfsstoffe verboten, die gentechnisch verändert oder mit Hilfe von GVO (gentechnisch veränderten Organismen) hergestellt wurden. In der EU-Verordnung ist weiters festgelegt, dass auch Schweinen und Geflügel Raufutter anzubieten ist!

TAB. 1: *Die wichtigsten Regelungen für die Schweine- und Geflügelfütterung der EU-Verordnung 1804/99*

Betroffene Tierkategorie	Anforderung
Alle	Futtermittel müssen aus ökologischer Landwirtschaft stammen.
Alle	Umstellungsfuttermittel max. 30% in der Ration, 60% wenn aus eigenem Betrieb.
Alle	Frisches, getrocknetes oder siliertes Raufutter ist in der Tagesration anzubieten.
Alle	Verbot aller Futtermittel tierischen Ursprungs (auch Bio-Futtermittel) außer Milch und Milcherzeugnisse und Fische und deren Erzeugnisse.
Schweine	Auslaufflächen zum Wühlen müssen vorhanden sein. Zum Wühlen können verschiedene Materialien angeboten werden.
Saugferkel	Säugezeit mind. 40 Tage.
Geflügel	Während mind. 1/3 des Lebens Zugang zu Auslaufflächen, die größtenteils Pflanzenbewuchs aufweisen müssen.
Geflügel	Ungehinderter Zugang zu einer ausreichenden Anzahl von Tränken und Futtertrögen.
Mastgeflügel	Mind. 65% Getreide im Endmast-Futter.

Alleinige Stroheinstreu ohne weitere Raufuttergabe entspricht nicht dieser Vorgabe und ist daher unzureichend!

Die EU-Verordnung Nr. 1804/99 stellt also Mindestanforderungen dar, die von jedem ökologisch wirtschaftenden Betrieb in Europa eingehalten werden müssen, wobei jeder Mitgliedsstaat darüber hinaus strengere Richtlinien für die Produktion von Bio-Lebensmitteln festlegen kann.

Zusätzlich zu den genannten Gesetzen gelten für tierhaltende, ökologisch wirtschaftende Betriebe die nationalen Tierschutzgesetze. In Österreich fällt

TAB. 2: *„Wann sind konventionelle Futtermittel erlaubt?"*)*

Wenn eine ausschließliche Versorgung mit Futtermitteln aus Ökologischem Landbau nicht möglich ist.	
Höchstanteil für Schweine und Geflügel	**Pro Jahr oder Lebenszyklus** max. 20% der Trockenmasse, **pro Tag** max. 25% der Trockenmasse.
Futtermittel **pflanzlichen** Ursprungs	Nur dann, wenn sie im Anhang II, Teil C angeführt sind. NICHT angeführt (und damit verboten) sind: Extraktionsschrote, Mohnkuchen (!), Bierhefe (!), Dinkel-(„Spelz-")kleie.
Futtermittel **tierischen** Ursprungs	Nur dann, wenn sie im Anhang II, Teil C angeführt sind. Es sind nur bestimmte Arten von Milch und Milcherzeugnissen bzw. Fisch und Fischerzeugnissen angegeben. Topfen**) ist nicht angeführt und somit z.B. in der Kükenfütterung eigentlich nicht erlaubt (auch kein Bio-Topfen!)

*) Übergangszeit bis 24. Aug. 2005 **) Topfen = Quark

die Tierschutzgesetzgebung in den Bereich der Bundesländer, seit 1995 gilt österreichweit die **„Vereinbarung über den Schutz von Nutztieren in der Landwirtschaft"** (die sogenannte „15a-Tierschutz-Vereinbarung").

Neben Mindestanforderungen zur Haltung und Tierbetreuung sind Regelungen enthalten, die die Fütterung betreffen: Für Schweine und Geflügel werden Mindestangaben zu Fressplatzbreiten bzw. Futtertroglängen gemacht, die pro Tier vorhanden sein müssen (Tab. 3).

TAB. 3: *Mindestanforderungen nach dem österreichischen Tierschutzrecht für die Fütterung von Schweinen und Geflügel*

Schweine		Fressplatzbreite/Tier bei Gruppenhaltung	Zahl der Fressplätze bei Vorratsfütterung
bis 30 kg LM		18 cm	1 für je 4 Tiere
30–60 kg LM		27 cm	1 für je 4 Tiere
60–110 kg LM		33 cm	1 für je 4 Tiere
Sauen		40 cm	–
Geflügel	Futterrinne und Rundautomaten	Tränkenippel	Tränkerinne an der Rundtränke
Legehennen	3 cm/Tier	1 je 15 Tiere (mind. 2)	1,5 cm/Tier
Masttiere	2 cm/Tier	1 je 15 Tiere (mind. 2)	1,5 cm/Tier

LM = Lebendmasse

Auf privatrechtlicher Ebene stellen die einzelnen Bio-Verbände für ihre Mitgliedsbetriebe darüber hinausgehende Anforderungen, wenn unter den jeweiligen Markenzeichen vermarktet werden soll. Die Regelungen sind je nach Verband unterschiedlich detailliert und können in den jeweiligen Büros erfragt werden (siehe Adressenverzeichnis im Anhang).

TIPP

Bei rechtlichen Unklarheiten (zulässige Futtermittel, wie sind Bestimmungen konkret auszulegen u.a.) geben Verbände, Beratungseinrichtungen und Kontrollstellen Auskunft.

3 Verdauung und Fressverhalten

3.1 Aufbau und Funktionsweise des Verdauungstrakts

Der anatomische Aufbau und die physiologischen Funktionen des Verdauungstrakts sind für jede Tierart verschieden. Sie spiegeln die Lebens- und Ernährungsbedingungen wieder, denen die jeweilige Tierart während ihrer stammesgeschichtlichen Entwicklung ausgesetzt war. Vereinfacht zusammengefasst ist das Schwein ein Allesfresser, der vorwiegend im Wurzelbereich nach Nahrung sucht, wenn er die Möglichkeit dazu hat. Demgegenüber ist das Huhn ein Konzentratselektierer, der gezielt tierische Futterstoffe und nährstoffreiche Pflanzenteile verzehrt. Auch wenn es in der Praxis kaum möglich ist, die natürliche Nahrungsbasis unserer Haustiere exakt nachzustellen, sind die tierartlichen Besonderheiten doch so weit als möglich zu berücksichtigen.

3.1.1 Schwein

Zähne, Zunge

Schweine sind Allesfresser und besitzen 28 Milchzähne, das bleibende Gebiss besteht aus 44 Zähnen. Hinsichtlich Zahnform und -größe steht das Gebiss zwischen dem von Fleischfressern und Pflanzenfressern. Die Schneidezähne stehen flachzangenähnlich zueinander. Die Eckzähne sind große, auffallend geformte Werkzeuge, die aus der Mundspalte hervorragen und als Hakenzähne bzw. auch als „Hauer" bezeichnet werden. Die Backenzähne sind kurzkronig mit einer breiten Kaufläche mit vielen Schmelzhöckern. Die Backenzähne des Schweines werden nicht wie beim Pflanzenfresser in gleichem Maße abgerieben, sondern sind, wie beim Menschen, in ihrem Wachstum abgeschlossen. Die Schweine besitzen einen außerordentlich feinen Geruchssinn, der für soziale Verhaltensweisen wie auch zur Nahrungssuche verwendet wird.

Speiseröhre

Die Speiseröhre ist beim ausgewachsenen Schwein 30 bis 45 cm lang und weist einen Durchmesser von 4 bis 7 cm auf. Durch sie werden die abgeschluckten Bissen portionsweise (etwa alle 20 sec während des Fressens) in den Magen befördert. Die Speicheldrüsen (Ohr-, Unterkiefer-, Unterzungenspeicheldrüse) produzieren teils ein dünnflüssiges, teils zähflüssiges und schleimiges Sekret. Bereits im Speichel sind stärkespaltende Enzyme (Ptyalin) in geringen Mengen enthalten, die die Verdauung der Stärke bereits im Mund einleiten.

Magen

Zum besseren Verständnis ist der Aufbau des Verdauungstrakts von Schwein und Geflügel in Abbildung 1 bzw. 2 vereinfacht wiedergegeben.
Der Magen hat vielfältige Aufgaben zu erfüllen. Er dient als Nahrungsspeicher und übt auch Verdauungsfunktionen aus. Das Schwein besitzt einen zusammengesetzten einhöhligen Magen, der eine sackförmige Erweiterung des Verdauungskanals darstellt und ein Fassungsvermögen von 4 bis 5 l besitzt. Der am Mageneingang gelegene Schließmuskel öffnet sich bei Nahrungsaufnahme etwa

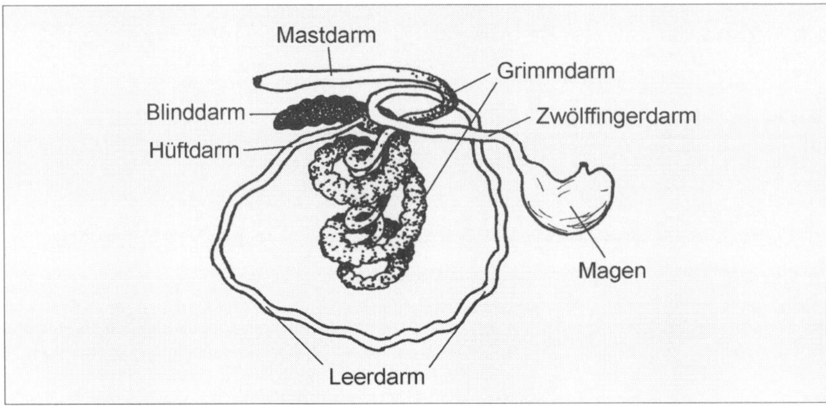

Quelle: vereinfacht nach König und Liebich (1999)

ABB. 1: *Schematische Darstellung des Magen-Darm-Traktes des Schweines*

alle 20 sec, um die abgeschluckten Bissen in den Magen gelangen zu lassen. Die Drüsen des Magens sondern folgende vier Produkte ab: Schleim (der als Schutz dient), Pepsin, den so genannten Intrinsic factor (der für die Aufnahme von Vitamin B12 erforderlich ist) sowie Salzsäure. Die Bereitstellung dieser Substanzen wird in Abhängigkeit von der Nahrungsaufnahme über das Nervensystem gesteuert. Pepsin spaltet das Futtereiweiß, es fallen Aminosäuren und Aminosäurenverbindungen an. Die Salzsäure bedingt einen niedrigen pH-Wert des Mageninhalts, der einerseits zur Aktivierung von Pepsin nötig ist und andererseits zur Abtötung vieler mit dem Futter aufgenommener Mikroorganismen führt. Am Magenausgang befindet sich wiederum ein Schließmuskel, durch den der Mageninhalt in den Darm gelangt.

Darm

Der Darm beginnt hinter dem Magenausgang und endet mit dem After. Der Dünndarm setzt sich aus dem Zwölffingerdarm, dem Leerdarm und dem Hüftdarm zusammen und weist eine Länge von 16 bis 21 m auf. Durch besondere Strukturen der Darmschleimhaut wie Ringfalten, Darmzotten und Mikrozotten wird die zur Nährstoffaufnahme befähigte Oberfläche des Dünndarms enorm vergrößert. Im Dünndarm finden Verdauung und Nährstoff-Aufnahme (Resorption) statt. Die Verdauung ist der enzymatische Abbau der Nährstoffe in resorbier-

bare Bestandteile. Die Sekrete (Absonderungen) der Bauchspeicheldrüse sind dabei die wichtigste Enzymquelle.
Der Dickdarm lässt sich bei allen Haussäugetieren in einen Blinddarm, in einen Grimmdarm und einen Mastdarm einteilen. Der Blinddarm ist ein blind endender Abschnitt. Der Grimmdarm besteht aus einem aufsteigenden, aus einem querverlaufenden und einem absteigenden Ast (Abb. 1). Der Mastdarm ist die Fortsetzung des Grimmdarms und geht über in den Analkanal, der am After endet. Hier sorgt ein Schließmuskel für den Verschluss des Darms nach außen. Die Gesamtlänge des Dickdarms beträgt 4 bis 6 m. Der Dickdarm reguliert die Kotmenge und -zusammensetzung, dient der Speicherung des Verdauungsbreis und ist vor allem für die Aufnahme von Elektrolyten, den Endprodukten des bakteriellen Stoffwechsels und von Wasser verantwortlich. Die Mikroorganismen des Dickdarms zerlegen die Ballaststoffe durch bakteriellen Abbau in resorbierbare Bestandteile. Die Ballaststoffe Zellulose und Hemizellulose werden hauptsächlich in kurzkettige Fettsäuren, Methan, Kohlendioxid und Wasser abgebaut. Die Aufenthaltsdauer in den einzelnen Abschnitten des Verdauungskanals hängt von verschiedenen Faktoren ab, beispielsweise von der Art der Nahrung, Ruhe oder Bewegung und auch psychischen Einflüssen. Die Passage von Futter durch den Magen-Darm-Kanal beträgt beim Schwein 4 bis 5 Tage.

Anhangdrüsen des Darms

Die Leber ist die größte Drüse des Körpers, sie ist in Lappen gegliedert. Die Intensität der Leberfarbe „rotbraun" hängt von ihrem Blutgehalt, dem Alter, dem Ernährungszustand und der Beschaffenheit der Nahrung des Tieres ab.
Die Gallenblase, das Speicherorgan der Galle, hat eine länglich-birnenförmige Gestalt und bettet sich zwischen die Lappen in eine Vertiefung ein. Der Gallengang mündet in den Zwölffingerdarm. Die Leber ist das wichtigste Stoffwechselorgan für den Kohlenhydrat-, Eiweiß- und Fettstoffwechsel. Die Gallensäuren der Gallenflüssigkeit bewirken eine gleichmäßige Verteilung der Fette im Darminhalt. Die Entleerung der Gallenblase wird durch die Futteraufnahme ausgelöst.
Die Bauchspeicheldrüse liegt am Zwölffingerdarm und gibt ihr Sekret in diesen ab.
Die Bauchspeicheldrüse produziert einerseits Enzyme: Peptidasen wie Trypsino-

gen und Chymotrypsinogen, die Eiweiß spalten; Nucleasen, die Nucleinsäuren abbauen; Amylasen für die Verdauung der Stärke und Lipasen zur Spaltung von Fett. Andererseits werden in einem Teil dieser Drüse die Hormone Insulin und Glukagon gebildet, die den Blutzuckerspiegel regulieren.

3.1.2 Vögel

Der Verdauungsapparat der Vögel zeichnet sich im Vergleich zu dem der Säugetiere durch einige Besonderheiten aus:

- Ausbildung eines Schnabels
- keine Trennung zwischen Mund- und Schlundkopfhöhle
- Fehlen von Zähnen, Lippen und Backen
- Ausbildung des Kropfes
- Ausbildung eines Drüsen- und eines Muskelmagens
- Ausbildung von zwei Blinddärmen
- Ausbildung einer Kloake

Schnabel und Schluckvorgang

Die Form des Schnabels ist bei Hühnervögeln spitz und hakenförmig gebogen (Körnerfresser), bei Ente und Gans löffelförmig abgeplattet (fressen weiches, feuchtes Futter). Der Schnabel umgibt die Mund- und Schlundkopfhöhle.
Die Nahrung wird mit dem Schnabel ergriffen und mit Hilfe der Zunge an den harten Gaumen gepresst, wo sie durch zähflüssigen Speichel festgehalten wird. Schnell aufeinander folgende Zungenbewegungen befördern die Nahrung schlundwärts. Abgehackte Bewegungen des Kehlkopfwulstes bewirken eine Weiterbewegung der Nahrung in die Speiseröhre. Unterstützt wird der Schluckvorgang durch die vielen nach hinten gerichteten Papillen (Haut-Erhebungen).

Die Speicheldrüsen sind bei Vögeln geringer ausgebildet, bei Körner fressenden Vögeln (Huhn) mehr als bei Vögeln, die feuchtes und weiches Futter aufnehmen.

Speiseröhre

Die Speiseröhre ist ein dünnwandiger, dehnbarer Schlauch, der hinter dem Kehlkopfwulst beginnt und in den Drüsenmagen mündet. Die Speiseröhre erweitert sich in Höhe des Brusteingangs zum Kropf, der bei Körner fressenden Vögeln beachtliche Dimensionen erreicht. Bei Enten und Gänsen ist er lediglich eine einfache, spindelförmige Erweiterung der Speiseröhre. Der Kropf besitzt Speicherfunktion. Im Kropf des Huhnes quillt das gespeicherte Futter. Durch kräftige Kontraktionen der Kropfmuskulatur gelangt das Futter in den Magen.

Magen

Der Magen ist bei Huhn, Pute, Ente und Gans deutlich in zwei Abschnitte, den Drüsen- und den Muskelmagen, getrennt (Abb. 2). Die Speiseröhre geht ohne deutliche Abgrenzung in den Drüsenmagen über. Das Futter verweilt nur kurze Zeit im Drüsenmagen, es wird durch rhythmische Kontraktionen in den Muskelmagen gepresst. Hier setzt die Durchmischung und die chemische Verdauung (vor allem die Eiweißverdauung) ein. Der Muskelmagen wird auch Kau- oder

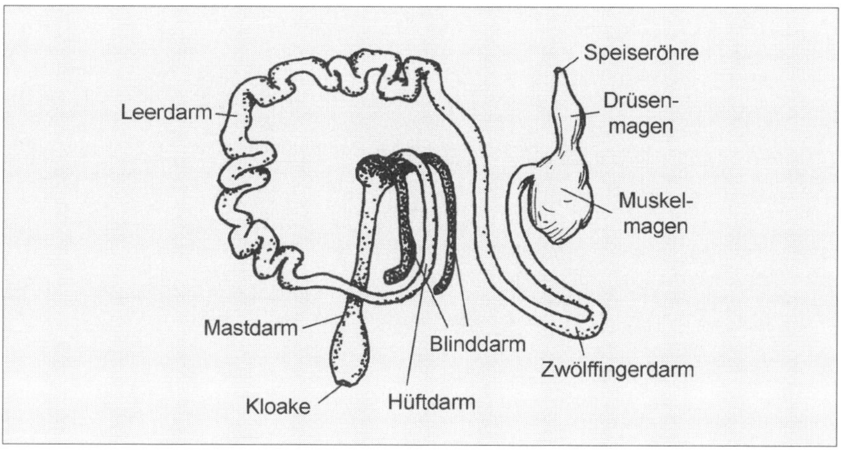

ABB. 2: *Schematische Darstellung des Magen-Darm-Traktes des Huhnes*

Reibemagen genannt. Er wird auf seiner inneren Oberfläche von einer derben, gelblich-grünen Reibeplatte bedeckt, die mechanische Funktionen erfüllt.
Mit dem Futter werden auch Steinchen (Grit) aufgenommen, die vor allem bei Körnerfressern das Zermahlen der Körner erleichtern. Der gemahlene Mageninhalt verläßt den Muskelmagen durch den Magenausgang.

Darm

Der Darm der Vögel ist im Verhältnis zur Körperlänge kürzer als jener der Haussäugetiere.
Der Dünndarm setzt sich auch bei den Vögeln aus dem Zwölffingerdarm, dem Leerdarm und dem Hüftdarm zusammen. Zum Dickdarm zählen die Blinddärme und der Mastdarm, beim Haushuhn sind die Blinddärme besonders groß ausgebildet. Der Mastdarm ist der letzte Darmabschnitt und mündet geradlinig in die Kloake. In den großen, paarigen Blinddärmen des Hausgeflügels erfolgt ein intensiver bakterieller Stoffabbau. Die Verdauungsvorgänge im Dünndarm und Dickdarm entsprechen weitgehend denen der Säugetiere.

Kloake

Die Kloake sieht wie eine glockenförmige Erweiterung des Enddarmes aus. Beim Huhn ist sie 2,5 cm lang und 2 bis 2,5 cm breit. An der Kloake können 3 Abschnitte unterschieden werden: der Kotraum, der Harnraum und der Endraum. In den Harnraum münden die Harnleiter sowie beim männlichen Tier die beiden Samenleiter, beim weiblichen Tier der Eileiter. Im vorderen Teil der Kloake (Kotraum) erfolgt eine beträchtliche Aufnahme von Wasser und von Elektrolyten (Mineralstoffen).

Anhangdrüsen des Darms

Leber und Bauchspeicheldrüse haben bei den Vögeln im Wesentlichen die gleichen Funktionen, die schon beim Schwein angeführt wurden. Eine Ausnahme stellen einige Vogelarten dar, bei denen die Gallenblase fehlt und die Galle von der Leber direkt in den Darm abgesondert wird (z.B. Perlhuhn und Taube).

3.2 Wie Schwein und Geflügel fressen

Die landwirtschaftlichen Nutztiere stammen von Wildtieren ab, die während der menschlichen Entwicklung vom Jäger und Sammler zum Ackerbauern domestiziert wurden. Die „Urform" des Hausschweins ist das Wildschwein, das seit etwa 8000–7000 v. Chr. in Europa und Ostasien als Haustier gehalten wird. Unsere heutigen Haushühner stammen aus Indien, China und einigen malayischen Inseln von wahrscheinlich vier Dschungelhühner-Arten ab.

Seither wurden durch Zuchtmaßnahmen des Menschen das Aussehen (z.B. die vielen Farbschläge bei Haushühnern, die Körperlänge durch zusätzliche 1–2 Rippenpaare beim Hausschwein) und natürlich die Leistungen der Tiere (z.B. Eieranzahl, Wachstumsgeschwindigkeit) verändert. Das Verhalten der Hausschweine und Haushühner entspricht aber noch immer weitgehend jenem ihrer „wilden" Vorfahren. Nur die Häufigkeit und Intensität einzelner Verhaltensweisen – z.B. das stark reduzierte oder fehlende Fluchtverhalten vor dem Menschen – entspricht nicht mehr jenen der Wildtiere.

Dazu wurden in Schottland Mitte der 80er Jahre umfangreiche Untersuchungen mit Hausschweinen durchgeführt. Schweine aus konventionellen Herkünften wurden dabei in ein naturnahes, großes Freigehege mit verschiedenen Teilbereichen wie Wald, Wiesen, Gewässer etc. gebracht und deren Verhalten über Jahre hinweg beobachtet. Dabei zeigte sich, dass sich diese Tiere, obwohl sie in Vollspaltenbuchten aufgezogen wurden, sofort wie Wildschweine verhielten. Sie bildeten Familiengruppen, entwickelten den gleichen Tagesrhythmus – mit Aktivitäten am Vormittag und Abend und einer Mittags- und Nachtruhe – wie ihre Vorfahren und legten Suhlen und Schlafnester an (Abb. 3).

Auch Haushühner verhalten sich – wenn man es ihnen ermöglicht – wie Wildhühner. Die kleine Hühnerherde wird von einem Hahn geführt, der durch das frühmorgendliche Krähen den Tagesbeginn festlegt. Alle Tiere begeben sich auf

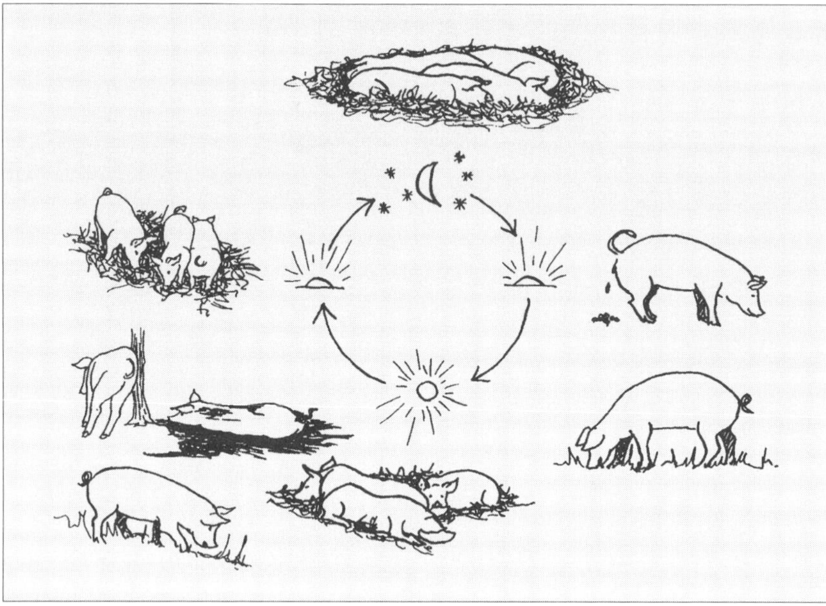

Quelle: BMUK (1999)

ABB. 3: *Der Tagesablauf von Schweinen*

Futtersuche, am späten Vormittag werden die Nester zur Eiablage aufgesucht. In der Mittagszeit folgt eine Ruhephase aller Tiere, wobei je nach Wetterlage auch Sonnenbäder genossen werden. Am Nachmittag suchen die Hühner wieder nach Futter, gerne baden sie dazwischen auch in Staub oder Sand zur Gefiederpflege. Am Abend treibt der Hahn seine Hühner zum Schlafplatz, wo sich alle Tiere in unterschiedlichen Höhen eines Baumes zur Ruhe begeben.

3.2.1 Schweine

Wildschweine bevorzugen eine abwechslungsreiche Kost und verzehren eine Vielzahl verschiedener Stoffe. Auf ihrem Speisezettel finden sich neben Bucheckern und Eicheln grüne, junge Pflanzen, Kartoffeln, Rüben, Süßgräser, Farne und Wasser- und Sumpfpflanzen. Sie fressen auch Junghasen, Mäuse, Frösche oder Eidechsen und Aas.

Der Sehsinn ist bei den waldbewohnenden Wildschweinen nicht gut ausgeprägt. Bei der Futtersuche und -aufnahme spielen der Geruchs- und Geschmackssinn die entscheidende Rolle. Das Riechvermögen des Schweins ist besser ausgebildet als das des Hundes. Aufgrund des Geruchs können Schweine Nahrungsbestandteile auch in tieferen Erdschichten auffinden: „Trüffelschweine" entdecken z.B. die als Delikatesse geschätzten Pilze bis in 80 cm Tiefe.

Die auffallendste Verhaltensweise der Schweine bei der Nahrungsaufnahme ist das Wühlen. Dazu wird der sehr bewegliche Rüssel eingesetzt. Die Rüsselscheibe ist im oberen Bereich durch festes Bindegewebe verstärkt und dient als Grabe- und Hebelwerkzeug. Beim Wühlen wird der obere Rand der Rüsselscheibe in den Boden gedrückt und mit dem Kopf Erde oder Streu nach vorneoben weggeworfen. Bei tieferem Graben lassen sich Schweine auf die vorderen Karpalgelenke nieder. Durch die längliche Schädelform und die ausgeprägte Halsmuskulatur können die Tiere dabei erstaunliche Kräfte entwickeln. Wildschweine brechen z.B. im Frühjahr und Herbst bei der Suche nach Wurzelfrüchten oder Regenwürmern großflächig die Erde um. Im Sommer dagegen (gutes Futterangebot) durchwühlen sie eher oberflächlich die Bodenstreuschicht.

TIPP

Bei Saugferkeln kann die Futteraufnahme durch das Anbieten des Futters in flachen, breiten Trögen angeregt werden, da diese ihrem Wühlbedürfnis entgegenkommen.

Weitere Formen der Nahrungsaufnahme von Schweinen sind Reißen und Abbeißen von Gras und grünen Pflanzenteilen, Umdrehen von Grassoden, Hebeln an Ästen und Wurzelstöcken, Abstemmen von Rinde etc. Mit Verhaltensweisen, die mit der Nahrungssuche und -aufbereitung in Zusammenhang stehen, verbringen die Tiere den größten Teil des Tages. Im naturnahen Freigehege wühlten Hausschweinerotten während 21 % und grasten während 31 % ihrer Aktivitätszeit, obwohl sie gemäß ihrer hohen Wachstums- und Reproduktionsleistungen satt gefüttert wurden.

Verhaltensweisen der Nahrungsaufnahme sind bei Schweinen zusätzlich eng mit der Umgebungserkundung verknüpft. Mastschweine verschiedener genetischer Herkünfte wühlten, schnupperten, knabberten und kauten in einem Freigehege während 1/5 der beobachteten Zeit in Bereichen, in denen ihnen kein Futter angeboten wurde.

Aufgrund ihres hervorragenden Geruchs- und Geschmackssinns sind Schweine sehr gut in der Lage, zwischen verschiedenen Futtermitteln auszuwählen. Sowohl Ferkel als auch adulte Schweine bevorzugen süße Futtermittel, saurer oder salziger Geschmack senkt die Futteraufnahme. Bei vorsichtiger Futterumstellung können die Tiere aber an gewisse Geschmacksrichtungen gewöhnt werden. Bei den Getreidearten bevorzugen Schweine Weizen vor Roggen, Gerste, Hafer und Mais.

Seit mehr als 10 Jahren wird die Möglichkeit untersucht, Schweinen zwei Futtermittel anzubieten, die sich in ihrem Eiweißgehalt (im Verhältnis zum Energiegehalt) deutlich unterscheiden. Es gibt mittlerweile Hinweise darauf, dass die Tiere in der Lage sind, selbst eine Kombination dieser Futtermittel zu wählen, die ihrem jeweiligen Bedarf am besten entspricht. Auch Hühner sind offenbar dazu in der Lage.
Wie diese Wahlfütterung am besten in die Praxis umgesetzt werden kann, muss allerdings noch näher untersucht werden.

Eine Besonderheit bei der Nahrungsaufnahme, die hier noch erwähnt werden soll, zeigen Saugferkel: In den ersten Stunden nach der Geburt kämpfen Ferkel um besondere – vor allem die vordersten – Zitzen der Sau. Nach einigen Tagen saugt jedes Ferkel an einer bestimmten Zitze, nur im mittleren Bereich kommt es gelegentlich zu Kämpfen. Diese „Saugordnung" ist für optimale Zuwachsleistungen wichtig, kann aber durch verschiedene Faktoren gestört werden. Neben unruhigen Sauen und dem plötzlichen Entfernen einzelner Ferkel wirken mangelnde Einstreu bzw. rauer Boden (Verletzungen an den Karpalgelenken der Ferkel) negativ.

TIPP

Zu wenig Einstreu oder rauer Boden im Abferkelbereich kann die Saugordnung stören und damit die Zuwachsleistungen der Ferkel vermindern!

3.2.2 Hühner

Vom Verhalten der Kamm- oder Dschungelhühner in freier Wildbahn ist immer noch relativ wenig bekannt. In ihrer tropischen Heimat bewohnen die Vögel Biotope mit undurchdringlichem Gestrüpp, hohem Gras und Schilf. Zur Nahrung gehören Insekten, Termiten, Ameisen, Käfer, Larven und Schnecken – also vorwiegend tierische Kost. Daneben verzehren die Wildhühner auch Beeren, Knospen, halbreife und reife Sämereien, junge Blätter und Triebe.

Als ehemalige Dschungelbewohner suchen Haushühner ihre Nahrung in nächster Nähe, im Umkreis von etwa 5 m sehr gründlich und aufmerksam. Sie sind auf Nahsicht spezialisiert und erkennen einzelne Weizenkörner noch in einer Entfernung von 1,3 m, einzelne Maiskörner sehen sie bis etwa 5 m deutlich am Boden liegen.

Beim Huhn sind die Augen seitlich am Kopf angeordnet, wodurch die Tiere ein großes Gesichtsfeld, aber nur einen kleinen Bereich mit räumlichem Sehen haben. Körner können von Hühnern nur etwa 2-5 Zentimeter vor dem Schnabel dreidimensional erkannt werden. Weiter entfernte Objekte müssen sie durch Hin- und Herwenden des Kopfes betrachten oder sich im Zickzackgang auf das Ziel zubewegen.

Der Tastsinn im Schnabel spielt ebenfalls eine wichtige Rolle bei der Nahrungsaufnahme. Form und Größe der Nahrungsteilchen aber auch die Oberfläche (rau/glatt), Härte oder Dichte sind entscheidend bei der Bevorzugung oder Ablehnung verschiedener Futterarten. Hühner bevorzugen Teilchengrößen von etwa 2 mm, wobei sie imstande sind, Größenunterschiede von 0,5 mm nur durch den Tastsinn zu erkennen.

TIPP

Bei Futtermischungen für Hühner sollten die einzelnen Schrotbestandteile etwa die gleiche Korngröße haben. Bei unterschiedlichen Teilchengrößen fressen die Hühner sonst zuerst die groben Schrotteilchen, was zu geringerer Aufnahme eiweißreicher Komponenten führen kann.

Von den Getreidearten fressen Hühner am liebsten Weizen vor Mais, Gerste, Roggen und zuletzt Hafer. Der Geschmack des Futters spielt bei Hühnern wahrscheinlich eine geringere Rolle, wohingegen sie einen „Wassersinn" besitzen dürften, d.h., dass Wasser für Hühner einen Eigengeschmack aufweist.

Haushühner schreiten bei der Futtersuche voran und picken nach Körnern, Würmern, Schnecken oder Insekten. Auch junges Gras wird gerne aufgenommen. Sie stehen dabei unter einem „Zwang zum Verzehr", d.h. sie fressen jede aufgefundene oder angebotene Nahrung, sofern sie die entsprechende Größe hat. Wenn nötig, wird durch Scharren mit den Krallen beider Beine Bodenmaterial weggekratzt, einen Schritt nach hinten getreten und dann gepickt. Nicht jede Pickbewegung führt zum Ergreifen des Korns, Fehlschläge sind relativ häufig. Diesbezüglich spielt die Erfahrung allerdings eine gewisse Rolle, wie durch Versuche nachgewiesen werden konnte. Mit geschlossenem Schnabel kann in lockerem Boden ebenfalls gescharrt werden, bevor Futter aufgenommen wird.

3.2.3 Anderes Geflügel

Europäische Hausgänse stammen von Graugänsen ab, in Asien wurden hingegen Höckergänse domestiziert. Im Gegensatz zu Hühnern sind Gänse Weidetiere.

Sie haben bei der Futtersuche den größten „Überblick" aller Geflügelarten, d.h. sie beobachten ihre Umgebung aufmerksamer als z.B. Hühner. Aufgrund des großen Futterangebots auf der Weide sind Gänse recht wählerisch, sie achten viel aufmerksamer als andere Geflügelarten auf den Geschmack. Neben Gras sind Karottenkraut, Vogelmiere, Salat und Schachtelhalm sehr beliebte Futterpflanzen. Bei Getreide wird Hafer vor Weizen, Gerste, Roggen und Mais bevorzugt.

Enten, deren natürlicher Lebensraum Teichränder sind, bevorzugen bei der Futterwahl grüne und nasse Futtermittel. Der Geschmack spielt wahrscheinlich eine ähnlich untergeordnete Rolle wie bei Hühnern. Da Enten besonders schreckhaft sind, widmen sie sich stets nur kurzfristig, durch ängstliches Beobachten immer wieder abgelenkt, der Futteraufnahme.

In Nordamerika leben in offenen Prärien, in Laubholzwäldern und auch in sehr üppiger Vegetation verschiedene Arten von wilden Truthühnern, die von indigenen Völkern domestiziert und nach der Entdeckung Amerikas nach Europa gebracht wurden. Puten durchstreifen bei der Futtersuche in kleinen Gruppen weite Gebiete. Sie nehmen dabei vor allem pflanzliches Futter (Gras, Blätter, Samen, Beeren, Eicheln etc.), aber auch Insekten aller Art, Maden, Raupen und Regenwürmer auf. Das Picken nach Nahrung und der typische Futterruf eines Tieres regt die anderen Gruppenmitglieder an, zu diesem Tier hinzulaufen und ebenfalls mit dem Picken zu beginnen. In der Schweiz wurden in einem naturnahen Freigehege Truthühner beobachtet, die sich auf bestimmte Futterarten spezialisierten. Einige Tiere jagten z.B. stundenlang Insekten, andere konnten besonders häufig beim Fressen reifer Grassamen beobachtet werden.

HINWEIS

Die arttypische, aber vielfältige Futterbasis von Schweinen und unterschiedlichen Geflügelarten ermöglicht gerade für biologisch wirtschaftende Betriebe die Verwertung verschiedener Futtermittel in der Tierhaltung.

4 Beurteilung des Futterwerts

Ausgangspunkt für die Futterbewertung ist der **Gehalt an Rohnährstoffen** der Futtermittel. Seit mehr als 100 Jahren wird zur Bestimmung dieser Rohnährstoffe die sogenannte „Weender Analyse“ durchgeführt, nach der die Trockensubstanz (T) eines Futtermittels in Rohasche (XA), Rohprotein (XP), Rohfett (XL), Rohfaser (XF) und Stickstofffreie Extraktstoffe (XX) getrennt und bestimmt wird. Die Vielzahl an chemischen Verbindungen, aus denen Futtermittel bestehen, werden damit zu charakteristischen Stoffgruppen zusammengefasst. Die Aussagekraft dieser Analysen kann für Schweine und Geflügel durch die Bestimmung der Gerüstsubstanzen (Ballaststoffe) sowie Zucker und Stärke verbessert werden.

Für die Fütterung von Schweinen und Geflügel ist in der Praxis weniger der Gehalt an einzelnen Nährstoffen entscheidend, vielmehr stehen der **Energie-, Eiweiß- und Mineralstoffgehalt** bzw. die **Eiweißzusammensetzung (Aminosäuren)** im Mittelpunkt.

4.1 Energie: ME, ME_N

Die in Futtermitteln enthaltene Energie wird vom Tier für den eigenen Energiehaushalt genützt. Allerdings kann nur jene Energiemenge verwertet werden, die auch verdaut wurde (die nicht verdaute Energie wird in Form von Kot wieder ausgeschieden). Zusätzlich zu den Verlusten im Kot geht Energie über Harn und durch bakterielle Umsetzungen im Dickdarm verloren. Wenn diese Energieverluste berücksichtigt werden, spricht man von **„umsetzbarer Energie"** (metabolisierbare Energie = **ME**), die dem Tier tatsächlich zur Verfügung steht (Abb. 4).

Die Berechnung der umsetzbaren Energie ermöglicht die energetische Bewertung verschiedener Futtermittel. Der Gehalt an ME wird mittels Schätzgleichungen aufgrund der Rohnährstoffgehalte und beim Schwein auch der Nährstoffverdaulichkeit errechnet. Für Geflügelfuttermittel wird der Energiegehalt um den alters- und leistungsbedingt unterschiedlichen Stickstoffansatz korrigiert und deswegen als „N-korrigierte umsetzbare Energie" (**ME_N**) bezeichnet.

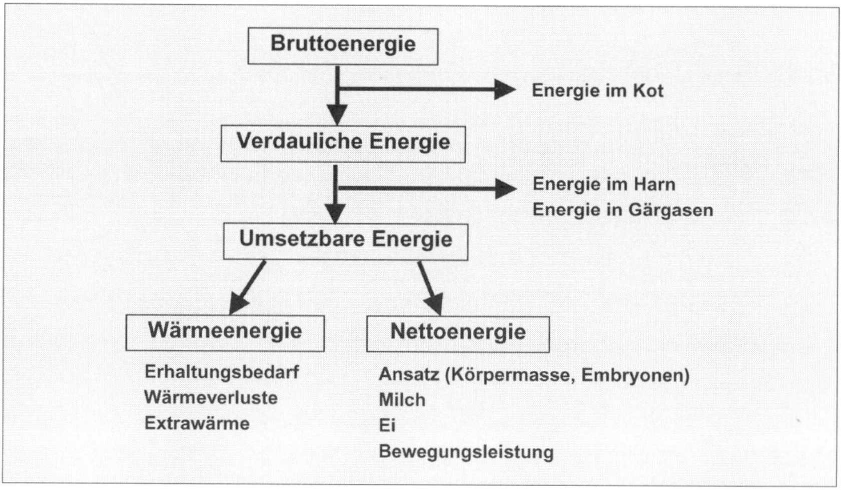

Quelle: Jeroch u. Ma. (1999)

ABB. 4: *Umwandlungsstufen der Futterenergie*

HINWEIS

Angaben zur umsetzbaren Energie für Schweine können nicht unmittelbar mit solchen für Geflügel verglichen werden! Die wichtigsten Futtermittel weisen für Schweine höhere ME-Gehalte auf als für Geflügel.

Die Maßeinheit der Energie ist 1 Joule (J), für die praktische Fütterung werden Kilojoule (1 kJ = 1000 J) bzw. Megajoule (1 MJ = 1,000.000 J) je Kilogramm verwendet.

4.2 Eiweiß

Die Proteinversorgung wird durch die verfütterte Menge, die Verdaulichkeit und durch das sogenannte Aminosäurenmuster (AS-Muster) bestimmt. Jedes Eiweiß ist aus 20 verschiedenen „Bausteinen", den **Aminosäuren**, zusammengesetzt. Bei der Verdauung werden die Futtereiweiße in diese Bestandteile zerlegt und daraus körpereigenes Eiweiß aufgebaut. Darum besteht streng genommen bei den Nutztieren kein Bedarf an Eiweiß, sondern an bestimmten Aminosäuren, die je nach Tierart und Nutzungsrichtung in unterschiedlicher Zusammensetzung benötigt werden.

HINWEIS

Für Schweine und Geflügel ist weniger die Menge an verzehrtem Eiweiß, sondern vielmehr die Menge an aufgenommenen Aminosäuren entscheidend. Daher ist bei der Rationsgestaltung der Gehalt an essentiellen Aminosäuren wichtiger als der Eiweißgehalt der Futtermischungen.

Essentielle Aminosäuren sind dabei solche, die im Körper nicht selbst aufgebaut, sondern mit der Nahrung zugeführt werden müssen (Tab. 4).

TAB. 4: *Bedeutung verschiedener Aminosäuren bei wachsenden Säugetieren und Geflügel*

Essentielle Aminosäuren	Halbessentielle*) Aminosäuren	Nichtessentielle Aminosäuren
Histidin**)	Arginin	Alanin
Isoleucin	Cystein	Asparaginsäure
Leucin	Histidin**)	Glutaminsäure
Lysin	Tyrosin	Glycin
Methionin		Hydroxyprolin
Phenylalanin		Prolin
Threonin		Serin
Tryptophan		
Valin		

*) können zwar gebildet werden, aber nicht in ausreichender Menge

**) Histidin kann von Geflügel in unzureichenden Mengen gebildet werden

Quelle: Larbier u. Leclercq (1994), Jeroch u. Ma. (1999)

Limitierende Aminosäuren sind jene, die – wenn sie in zu geringer Menge vorhanden sind – die Leistung hemmen, selbst wenn alle anderen Aminosäuren im Überfluss vorliegen. Die Bildung von Körper-, Ei- oder Milchprotein ist umso ergiebiger, je besser die AS-Zusammensetzung des angebotenen Proteins auf den Bedarf abgestimmt ist. Aber nicht nur ein Mangel, auch ein Überschuss an Aminosäuren führt zu einer unausgewogenen Versorgung und damit zu einer verschlechterten Ausnutzung des Nahrungsproteins.

HINWEIS

Die Erhöhung des Eiweißangebots kann eine Unterversorgung mit einer essentiellen Aminosäure nicht beheben, wenn das AS-Muster unausgewogen ist! Vor der Veränderung des Eiweißgehalts einer Ration ist daher der Gehalt an den wichtigsten Aminosäuren kritisch zu überprüfen.

In der Schweinefütterung ist zumeist **Lysin** und in der Hühnerfütterung zumeist **Methionin** die erstlimitierende Aminosäure.
Weitere Aminosäuren, die es bei der Rationsgestaltung zu beachten gilt, sind Cystein, Threonin und Tryptophan.
Die anderen Aminosäuren sind in den üblichen Futtermischungen in ausreichender Menge vorhanden und werden deswegen in Futterwert-Tabellen oft nicht angeführt. Angaben zum Eiweiß- bzw. AS-Bedarf erfolgen in Gramm (g), der Gehalt in Futtermitteln wird in Gramm pro Kilogramm (g/kg) oder in Prozent (%) angegeben (1 % = 10 g/kg).

Ein neuer Ansatz zur Bewertung der Qualität des Futterproteins ist das sogenannte **„ideale Protein"**. Dabei wird der Bedarf an den einzelnen Aminosäuren im Verhältnis zum Lysin (das häufig die erstlimitierende Aminosäure darstellt) angegeben. Die nächstlimitierenden Aminosäuren Methionin + Cystein, Threonin und Tryptophan sollten in dem in Tabelle 5 angegebenen Verhältnis zum Lysin vorliegen. Je näher die tatsächlichen Werte diesem idealen Protein kommen, desto ausgewogener ist die AS-Versorgung der Tiere. Dies führt wiederum zu hoher Leistung und sehr effizienter Ausnutzung des Nahrungsproteins bei gleichzeitig verringerter Stoffwechselbelastung.

Das Verhältnis der Aminosäuren Methionin + Cystein, Threonin und Tryptophan zu Lysin in verschiedenen Eiweißfuttermitteln wird in Tabelle 6 dargestellt.
Das AS-Muster der verschiedenen Futtermittel hat für die Mischfutterrezeptur erhebliche Bedeutung. Wie aus den Angaben in Tabelle 5 und 6 hervorgeht, kann das für das Tier erforderliche AS-Muster nur durch die **Kombination geeigneter Futtermittel** erreicht werden.
Das Protein von Erbsen und Ackerbohnen, häufig eine mengenmäßig sehr wichtige Eiweißquelle, weist einen Mangel an schwefelhaltigen Aminosäuren und Tryptophan auf. Es ist daher notwendig, das AS-Muster der Ration mit anderen Futtermitteln auszugleichen. Zur Verfügung stehen verschiedene Kuchen von Ölsaaten, z.B. Sonnenblumen-, Kürbiskern-, Rapskuchen sowie Kartoffeleiweiß und Maiskleber.

TAB. 5: *Zusammensetzung des idealen Proteins im Futter verschiedener Nutztiere*

Tierkategorie	Aminosäure			
	Lysin (Lys)	Methionin + Cystein (Met+Cys)	Threonin (Thr)	Tryptophan (Trp)
Zuchtsau, Mastschwein	100	60	60	20
Ferkel	100	60	67	20
Legehenne	100	88	70	22
Masthuhn – Anfangsmast	100	71	67	16
Endmast	100	96	84	17
Mastpute	100	75	68	17
Mastente	100	75	66	19

TAB. 6: *Aminosäurenmuster verschiedener Eiweißfuttermittel*

Futtermittel	Rohprotein	Lys	Met+Cys	Thr	Trp	Lys:Met+Cys:Thr:Trp
		% im Futtermittel				100:
Ackerbohne	26,0	1,67	0,50	0,90	0,23	29:54:14
Erbse	22,5	1,57	0,52	0,82	0,20	33:52:13
Sojabohne vollfett	36,0	2,30	1,10	1,44	0,53	48:63:23
Lupine	32,7	1,70	0,95	1,34	0,33	56:79:19
Kartoffeleiweiß	67,6	5,21	2,48	4,06	0,99	48:78:19
Sonnenblumenkuchen	36,7	1,26	1,49	1,34	0,43	118:106:34
Kürbiskernkuchen	56,9	2,28	2,11	1,76	0,51	93:77:22
Rapskuchen	31,4	1,66	1,10	1,31	0,41	63:79:24
Maiskleber	61,3	1,03	2,52	2,08	0,32	242:202:31
Trockenmagermilch	31,7	2,45	1,29	1,42	0,43	53:58:18

4.3 Mineralstoffe

Die im Futter enthaltenen Mineralstoffe (Kalzium, Phosphor, Magnesium, Kalium und Natrium) und Spurenelemente (Eisen, Mangan, Kupfer, Zink, Selen, Jod, Kobalt usw.) können vom Tier je nach chemischer Bindungsform und Milieu (z.B. Säuregrad) im Magen-Darm-Trakt unterschiedlich verwertet werden. So kann der Phosphor aus einer Reihe pflanzlicher Futtermittel (z.B. Getreide und Getreide-Nebenprodukte) von Schwein und Geflügel nur sehr schlecht verwertet werden und trägt nicht nur zur Phosphor-Versorgung dieser Tierarten wenig bei, sondern verschlechtert auch noch die Verfügbarkeit einer Reihe weiterer Mineralstoffe. Aus diesem Grund wird bei der Angabe des Phosphor-Gehaltes von Futtermitteln bzw. auch des Phosphor-Bedarfs der Tiere als Bezugsgröße oft der so genannte „Nicht-Phytat-Phosphor" (der für die Tiere verwertbar ist) gewählt.

Neben der ausreichenden Menge an einzelnen Mineralstoffen ist auch das Verhältnis bestimmter Mineralstoffe zueinander von Bedeutung. So beeinflussen sich Kalzium und Phosphor im Stoffwechsel gegenseitig und können nicht losgelöst voneinander betrachtet werden.

HINWEIS

Für die Beurteilung des Futterwerts ist neben dem Gehalt an einzelnen Mineralstoffen auch deren Bindungsform („chemische Gestalt") und das Verhältnis zu anderen kritischen Mineralstoffen entscheidend.

5 Benötigte Nährstoff- und Futtermengen

5.1 Nährstoffbedarf

Was unterscheidet ein Sandkorn von einem Bakterium? Warum ist das eine tote Materie und das andere lebt? Alle Lebewesen sind dadurch gekennzeichnet, dass sie sich selbst aufbauen, erhalten und vermehren können! Für diese grundlegenden Funktionen benötigen alle Lebewesen einerseits stoffliche Bausteine verschiedener Art (Aminosäuren, Mineralstoffe, Spurenelemente, Wasser) und andererseits Energie für die Umwandlungsprozesse im Körper. Beides muss über die Nahrung aufgenommen werden. Dieser (Gesamt-)Bedarf alles Lebendigen nach Nährstoffen und Energie wird bei der Fütterung von landwirtschaftlichen Nutztieren aus praktischen Gründen in „Erhaltungsbedarf" und „Leistungsbedarf" unterteilt.

Unter **Erhaltungsbedarf** wird die Menge an Energie bzw. Nährstoffen verstanden, die zur Aufrechterhaltung des Lebens (Atmung, Verdauung, Körperwärme, notwendige Bewegungen) und der Körpersubstanz des jeweiligen Tieres notwendig ist.

Der **Leistungsbedarf** umfasst die Menge an Energie bzw. Nährstoffen, die für darüber hinausgehende Funktionen wie Körperwachstum, Wachstum von Föten im Mutterleib, Ei- oder Milchbildung oder körperliche Arbeit benötigt wird.

Sowohl Erhaltungs- als auch Leistungsbedarf sind für die jeweilige Tierart (Schwein bzw. Geflügel) und für die Nutzungsrichtung (Zucht- bzw. Masttiere) unterschiedlich hoch. So hat eine hochtragende Sau mit 180 kg Lebendmasse (LM) einen anderen Bedarf an Energie bzw. Nährstoffen als eine noch nicht belegte Jungsau mit 120 kg LM oder ein Mastschwein mit 50 kg LM.
In Abhängigkeit von der vererbten Leistungsveranlagung, dem Geschlecht und den Haltungsbedingungen haben Nutztiere somit einen bestimmten Bedarf an verschiedenen Nährstoff- und Energiemengen. Energie kann wiederum aus den im Futter enthaltenen Nährstoffen (Kohlenhydrate, Fett, Eiweiß) gebildet werden. Die Energieversorgung wird dadurch erleichtert, dass die meisten Nutztiere bei freiem Futterzugang soviel Energie aufnehmen, wie ihrem Bedarf entspricht. Sie können das beispielsweise am Gehalt an Glucose (Traubenzucker) oder Fetten bzw. Fettsäuren im Blut erkennen.
Schwieriger ist die Situation bezüglich einer ausgewogenen Proteinversorgung, da einerseits kein dem Sojaextraktionsschrot der konventionellen Landwirtschaft vergleichbares Futtermittel zur Verfügung steht und eine Ergänzung mit synthetischen Aminosäuren nicht möglich ist.

5.1.1 Schweine

Für Schweine werden die Ergebnisse verschiedener wissenschaftlicher Versuche zusammengefasst und in Form von so genannten **Bedarfsempfehlungen** veröffentlicht. Dazu ist kritisch anzumerken, dass diese Bedarfswerte in der Regel für maximale Leistungen und für die in der konventionellen Landwirtschaft vorherrschenden Herkünfte (fleischbetonte Rassen) und Haltungssysteme (Warmställe ohne Einstreu bzw. Auslauf) abgeleitet wurden (Tab. 7, 8 und 9).
Grundsätzlich sind diese Bedarfsnormen daher als Empfehlungen zu betrachten. Für biologisch wirtschaftende Betriebe müssen sie aus zwei Gründen relativiert werden: Einerseits werden in Bio-Betrieben auch alternative Rassen, wie z. B. Schwäbisch-Hällisches Schwein eingesetzt. Aufgrund deren Wachstumsverläufe (langsameres Muskelwachstum, vermehrter Fettansatz) ist je kg Zunahme der

TAB. 7: *Richtwerte zum Energie- und Nährstoffbedarf von Sauen (Angaben pro Tier und Tag)*

	Umsetzbare Energie (ME, MJ)	Roh-protein (g)	Lysin (g)	Kalzium (g)	Phosphor (g)	Natrium (g)
Jungsauen						
Lebendmasse (kg)						
30–60	19	280	14,0	11,0	8,0	1,9
60–90	27	330	17,0	14,0	10,0	2,5
90–120	30	280	14,0	13,0	8,0	3,0
Tragende Sauen*)						
niedertragend	27	280	12,0	7,5	5,5	5,0
hochtragend	31	320	13,5	18,0	13,0	5,5
Laktierende Sauen (mit 12kg aufgenommenem Ferkelbeifutter)						
10 Ferkel	66	860	46,0	50,0	30,0	10,0
12 Ferkel	74	960	51,0	55,0	33,0	11,0
Absetzen bis Belegen	29	300	13,0	9,0	6,5	5,0

*) Zuschlag bei Temperaturen unter 14°C: für je 1°C +0,3 MJ ME

Quelle: DLG (1999)

TAB. 8: *Richtwerte zum Energie- und Nährstoffbedarf von Ferkeln (Angaben pro Tier und Tag)*

Lebenswoche	Umsetzbare Energie (ME, MJ)	Roh-protein (g)	Lysin (g)	Kalzium (g)	Phosphor (g)	Natrium (g)
1	Sauenmilch					
2	Sauenmilch + Ergänzungsfutter für Saugferkel					
3	5,0	80	4,8	3,3	2,4	0,1
4	5,5	100	5,3	3,8	2,8	0,2
5	6,6	111	6,2	4,3	3,2	0,4
6	8,0	133	7,2	5,0	3,7	1,2
7	9,5	165	8,4	5,8	4,2	1,4
8	10,9	195	9,2	6,5	4,7	1,7
9	13,0	205	10,8	7,8	5,6	2,0
10	15,6	240	13,0	9,3	6,7	2,4

Quelle: DLG (1999)

TAB. 9: *Richtwerte zum Energie- und Nährstoffbedarf von Mastschweinen (Angaben pro Tier und Tag bei mittleren Tageszunahmen von 700 g)*

	Lebendmasse (kg)						
	25–40	40–50	50–60	60–70	70–80	80–90	90–115
tägl. Zunahmen (g)	620	700	740	765	780	760	680
Umsetzbare Energie (ME, MJ)	18,2	22,7	25,8	29,0	31,5	33,7	34,8
Rohprotein (g)*)	262	300	317	346	361	358	343
Lysin (g)	13,8	15,9	16,8	18,3	19,2	18,9	18,1
Methionin+Cystein (g)	8,3	9,5	10,1	11,0	11,5	11,3	10,9
Threonin (g)	9,0	9,5	10,1	11,0	11,5	11,3	10,9
Tryptophan (g)	2,8	3,2	3,4	3,7	3,8	3,8	3,6
Kalzium (g)	10,0	12,0	12,5	13,5	14,5	13,0	12,5
Phosphor (g)	7,6	9,0	9,5	10,0	11,0	9,5	9,0
Natrium (g)	2,1	2,6	3,0	3,3	3,6	3,9	4,0

*) 5,3 g Lysin/100 g Rohprotein

Quelle: DLG (1995, 1999)

Aminosäurenbedarf geringer bzw. der Energiebedarf höher als bei schnellwachsenden Herkünften. Andererseits kann der Energiebedarf bei Kaltställen mit Ausläufen aufgrund der vermehrten Bewegung der Tiere und der kühleren Temperatur im Winter höher sein als in den Empfehlungen abgeleitet. Der Eiweißbedarf liegt dagegen auch in alternativen Haltungssystemen nicht generell höher als in Warmställen mit Vollspaltenbuchten.

HINWEIS

Bedarfsempfehlungen sind als Richtwerte zu betrachten und sind je nach den konkreten Bedingungen mehr oder weniger zutreffend. Verschiedene Rassen, unterschiedliche Haltungsbedingungen und Produktionsziele müssen berücksichtigt werden.

TAB. 10: *Richtwerte für Energie- und Nährstoffgehalte von Schweine-Rationen (Angaben bezogen auf lufttrockenes Futter mit ca. 90% Trockenmasse)*

	Umsetzbare Energie ME (MJ)	Roh-protein (%)	Lysin (%)	Kalzium (%)	Phosphor (%)	Natrium (%)
Sau						
tragend	10–11	12,0	0,50	0,60	0,40	0,20
laktierend	13	17,0	0,90	0,85	0,60	0,20
Mastschwein						
Anfangsmast	12,5	18,0	0,95	0,70	0,55	0,15
Mittelmast	12,5	15,0	0,80	0,60	0,45	0,15
Endmast	12,5	13,5	0,70	0,50	0,35	0,10
Ferkel						
Saugferkel (Ergänzungsfutter)	13,5	22,5	1,45	0,85	0,70	0,20
Ferkelaufzucht bis 20 kg LM*)	13	18,5	1,20	0,85	0,65	0,20
Ferkelaufzucht bis 35 kg LM*)	13	17,5	1,10	0,80	0,60	0,15

*) LM = Lebendmasse

Quelle: nach BLT (1999), verändert

Für PraktikerInnen ist es meist zu aufwändig, die Rationszusammensetzung und die zugeteilte Futtermenge auf Bedarfsempfehlungen abzustimmen. Daher werden aus den Bedarfsempfehlungen und der zu erwartenden Futteraufnahme **Empfehlungen für den Gehalt an Energie und Nährstoffen im Futter** abgeleitet, die unter Praxisbedingungen den Bedarf der Tiere decken. Angaben dazu sind in Tabelle 10 zusammengefasst.

TIPP

Wenn Rationen aufgrund von Empfehlungen zum Energie- und Nährstoffgehalt erstellt werden, ist es unbedingt nötig, von Zeit zu Zeit die tatsächliche Nährstoffzusammensetzung der Ration (Futteranalysen) sowie die verzehrte Futtermenge (wiegen) zu überprüfen. Aus diesen Informationen kann die aufgenommene Nährstoffmenge errechnet und ihre Übereinstimmung mit den Bedarfsempfehlungen kontrolliert werden.

5.1.2 Geflügel

Jene Bedarfswerte, die für konventionelles Mastgeflügel veröffentlicht wurden, sind für ökologisch wirtschaftende, hühnerhaltende Betriebe zumeist noch kritischer zu beurteilen als die Bedarfszahlen für Schweine. Für Legehennen treffen die Tabellenwerte eher zu (Tab. 11).

Bei Masthühnern (Broilern) besteht ein großer Unterschied zwischen den genetischen Herkünften, die in konventionellen bzw. Bio-Betrieben eingesetzt werden (Abb. 5).

TAB. 11: *Richtwerte zum Energie- und Rohproteinbedarf von Legehennen in Boden- bzw. Freilandhaltung (Angaben pro Henne und Tag)*

Altersabschnitt (Wochen) Legeintensität (%) Tägl. Eimasse (g/Henne)		30 90–95 ca. 57	50 80–85 ca. 54	70 75 ca. 50
Lebendmasse (kg)	l	1,7	1,8	1,8
	ms	1,9	2,0	2,0
Umsetzbare Energie	l	1,39*) 1,45**)	1,39*) 1,45**)	1,35*) 1,41**)
(MJ ME_N)	ms	1,45*) 1,52**)	1,44*) 1,51**)	1,42*) 1,48**)
Rohprotein (g)	l	18,9	18,2	17,3
	ms	19,8	18,6	17,7
Lysin (mg)	l	695	670	630
	ms	710	680	645

*) bei Bodenhaltung — l = leichte Hybriden

**) bei Freilandhaltung — ms = mittelschwere Hybriden

Quelle: eigene Berechnungen nach Angaben der GfE (1999)

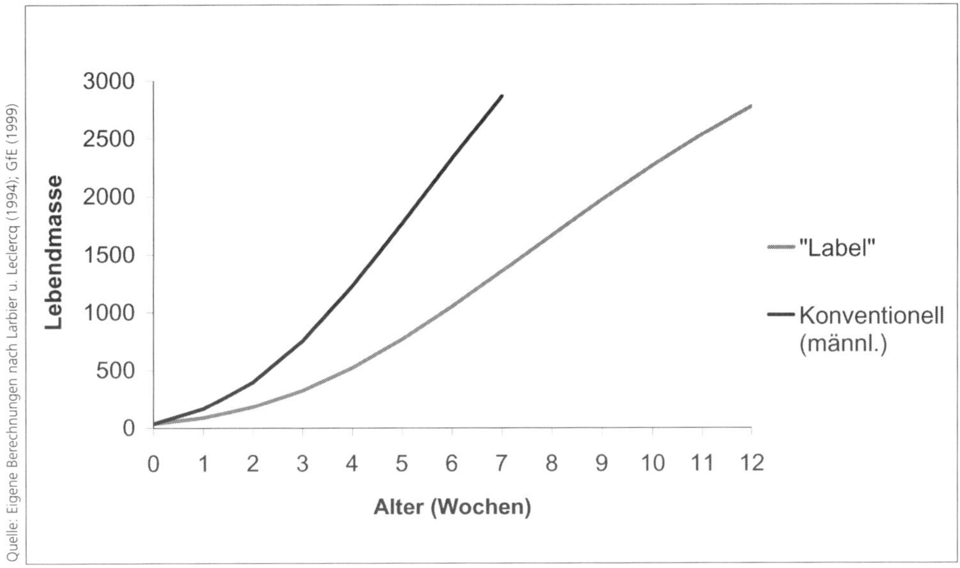

ABB. 5: *Lebendmasse-Entwicklung von langsam wachsenden („Label") im Vergleich zu konventionellen Masthühnern*

Jene Hybriden, die extrem rasch wachsen und darum in konventionellen Betrieben verwendet werden, sind aus verschiedenen Gründen für die Ökologische Landwirtschaft abzulehnen. Einerseits erreichen sie die Schlachtreife schon in einem Alter, in dem nach den gesetzlichen Richtlinien (EU-VO 1804/99) noch nicht geschlachtet werden darf. Andererseits sind sie für tiergerechte Haltungsformen nicht mehr geeignet, da das übermäßig schnelle Muskelwachstum zu Skelett- bzw. Beinschäden führt. Die Masttiere können sich aufgrund von Gelenksschmerzen gegen Mastende nicht mehr normal bewegen. Darum kommen für Bio-Betriebe nur langsam wachsende Herkünfte in Frage. Für diese sind die meisten Bedarfsempfehlungen allerdings nicht zutreffend.

HINWEIS

Bedarfsempfehlungen sind zumeist für rasch wachsende Hybriden erstellt worden. Für langsam wachsende Herkünfte, die von Öko-Betrieben verwendet werden, sind sie daher meist nicht zutreffend.

Langsam wachsende Herkünfte aus französischen „Label"-Programmen entsprechen bei der Lebendmasseentwicklung etwa jenen, die in biologisch wirtschaftenden Betriebe gehalten werden. Wenn man den Wachstumsverlauf der „Label"-Hühner als Grundlage nimmt und den Bedarf berechnet, ergeben sich für langsam wachsende Masthühner die in Tabelle 12 dargestellten Bedarfswerte. Bei Mastputen stellt sich für ökologisch wirtschaftende Betriebe ein ähnliches Problem wie bei Masthühnern, jedoch noch in verschärfter Form: Jene Rassen, die für die konventionelle Landwirtschaft gezüchtet wurden, sind aufgrund des extrem raschen Wachstums für Bio-Mastbetriebe ungeeignet (Abb. 6).

TAB. 12: *Richtwerte zum Energie- und Eiweißbedarf langsam wachsender Masthühner im Vergleich zu konventionellen Masthühnern*

	„Label"-Masthuhn			Konventionelle Masthühner		
Lebenswoche	durchschn. Lebendmasse (g)	Bedarf an ME_N (MJ/Woche)	Bedarf an XP (g/Woche)	durchschn. Lebendmasse (g)	Bedarf an ME_N (MJ/Woche)	Bedarf an XP (g/Woche)
1	65	1,01	15	105	2,21	37
2	140	2,08	32	280	4,54	73
3	260	3,53	53	570	7,99	125
4	430	5,06	74	990	11,18	171
5	660	6,68	97	1500	13,88	208
6	930	8,16	116	2050	15,65	225
7	1220	9,38	129	2600	16,52	225
8	1530	10,28	136	3110	16,63	211
9	1840	10,91	137	–	–	–
10	2140	11,30	135	–	–	–
11	2420	11,49	130	–	–	–
12	2680	11,55	123	–	–	–

ME_N = Umsetzbare Energie, Stickstoff-korrigiert XP = Rohprotein

Quelle: eigene Berechnungen nach Angaben von Larbier u. Leclercq (1994), Jeroch u. Ma. (1999)

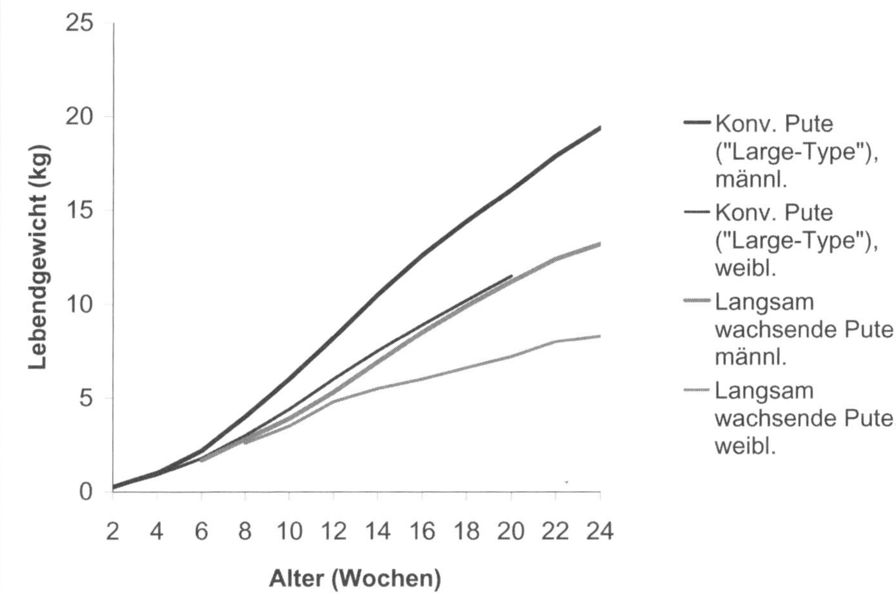

Quelle: NRC (1994); www.kelly-turkeys.com

ABB. 6: *Lebendmasse-Entwicklung von Mastputen verschiedener genetischer Herkünfte*

Die empfohlenen Bedarfswerte sind aber – ebenso wie bei Masthühnern – für sehr hohe Zuwächse ausgelegt und daher kritisch zu betrachten.
Der Energiebedarf spielt offenbar bei Truthühnern nicht so eine große Rolle wie bei Masthühnern. Nachdem Putenfleisch fettärmer und damit eiweiß- und wasserreicher als Hühnerfleisch ist, lässt sich ein höherer Eiweißbedarf im Verhältnis zur Energie ableiten. In Tabelle 13 sind die Bedarfswerte für eine langsam wachsende Rasse und eine raschwüchsige Rasse des Typs „Large White" vergleichend dargestellt.

Wie schon für die Schweine ausgeführt, sind auch beim Geflügel für PraktikerInnen Empfehlungen zum Energie- und Nährstoffgehalt (Tab. 14) einfacher anzuwenden als Bedarfsempfehlungen. Auch beim Geflügel ist dem Gehalt an den wichtigsten Aminosäuren (AS) ein größeres Augenmerk als dem Proteingehalt zu schenken. In der Bio-Geflügelhaltung wird es bei Einhaltung der empfohlenen AS-Konzentrationen häufig zu höheren Proteingehalten im Futter kommen, da keine Ergänzung mit synthetischen Aminosäuren möglich ist.

TAB. 13: *Richtwerte zum Eiweißbedarf männlicher Puten*

Lebenswoche	„Large Type"			langsam wachsende Rasse		
	Lebendmassezunahme (g/Tag)	Proteinbedarf (g/Tier und Tag)	Lysinbedarf (g/Tier und Tag)	Lebendmassezunahme (g/Tag)	Proteinbedarf (g/Tier und Tag)	Lysinbedarf (g/Tier und Tag)
1–2	19	5,6	0,39	17	5,1	0,36
2–4	54	20,4	1,21	47	17,9	1,06
4–6	86	34,3	2,01	57	22,9	1,34
6–8	129	51,4	3,12	79	31,4	1,91
8–10	143	57,1	3,53	79	31,4	1,94
10–12	157	62,9	4,02	100	40,0	2,56
12–14	164	65,7	4,27	114	45,7	2,97
14–16	150	60,0	3,90	114	45,7	2,97
16–18	129	51,4	3,34	100	40,0	2,60
18–20	121	48,6	3,16	93	37,1	2,41
20–22	121	48,6	3,16	86	34,3	2,23
22–24	114	45,7	2,97	57	22,9	1,49

Quelle: eigene Berechnungen nach Angaben von Larbier u. Leclercq (1994)

TAB. 14: *Richtwerte für den Energie- und Nährstoffgehalt von Geflügel-Rationen (Angaben bezogen auf lufttrockenes Futter mit ca. 90% Trockenmasse)*

	Umsetzbare Energie ME_N (MJ)	Rohprotein (%)	Lysin (%)	Methionin + Cystein (%)	Kalzium (%)	NPP*) (%)	Natrium (%)
Legehenne	11,5	16,0	0,70	0,60	3,30	0,35	0,15
Broiler (Masthuhn)							
Anfangsmast	12,0–12,5	22,0	1,20	0,75	1,00	0,45	0,15
Mittel- und Endmast	12,0–12,5	18,0	0,80	0,60	0,85	0,40	0,15
Mastpute							
Phase 1	12,0–12,5	25,0	1,50	0,90	1,00	0,55	0,15
Phase 2	12,5	23,0	1,35	0,80	0,90	0,45	0,15
Phase 3	12,7	20,0	1,10	0,65	0,80	0,40	0,15
Phase 4	13,0	17,0	0,80	0,55	0,70	0,35	0,15
Enten und Gänse							
Starter	12,0–12,5	20,0	1,00	0,70	0,90	0,35	0,14
Mast	12,5–13,0	16,0	0,70	0,50	0,70	0,30	0,14
Wachteln							
Starter und Mast	12,0–12,5	23,0	1,30	0,80	0,90	0,45	0,15
Legefutter	12,0–12,5	20,0	1,00	0,70	2,70	0,40	0,15

*) NPP = Nicht-Phytat-Phosphor

5.2 Futterverzehr

Das Futteraufnahme-Vermögen von Tieren wird durch verschiedene Faktoren wie Haltung, Umwelt, Rasse, Geschlecht, Leistungshöhe, Erkrankungen, Wasserangebot, aber auch durch Futtereigenschaften wie Akzeptanz, Nährstoffdichte, Verdaulichkeit, Verträglichkeit etc. sowie die Fütterungstechnik beeinflusst.

5.2.1 Schwein

Wenn sie die Möglichkeit dazu haben, beschäftigen sich Schweine während der Hälfte des Tages mit Futtersuche und -aufnahme. Bei ständigem Futterzugang kann es in der Praxis daher unter Umständen zu einer überhöhten Futteraufnahme mit negativen Effekten auf Leistungsmerkmale und Tiergesundheit kommen (trächtige Zuchtsauen, Mastschweine in der Endmast). Bei Schweinen mit sehr hoher Leistung (laktierende Zuchtsauen, Ferkel, Mastschweine in der Anfangsmast) muss im Gegensatz dazu die Futteraufnahme gefördert werden. Dies kann durch eine vielseitige Rationsgestaltung und das Anbieten von Futtermitteln mit einer für Schweine attraktiven Futterstruktur erfolgen. Werden neben trockenen, geschroteten Futtermitteln auch feuchte oder breiige angeboten, nehmen Schweine meist mehr Futter – bezogen auf Trockenmasse – auf.

HINWEIS

Neben der richtigen Futterzusammensetzung ist die Höhe der Futteraufnahme entscheidend für Leistung und Tiergesundheit. Rationszusammensetzung, angebotene Futtermenge und die Fütterungstechnik müssen daher auf den Bedarf des Tieres abgestimmt werden.

Bei freiem Futterzugang regulieren Schweine ihren Futterverzehr vor allem hinsichtlich der aufgenommenen Energiemenge. Daher ist die Einhaltung bestimmter Verhältnisse zwischen dem Gehalt an Nährstoffen und dem an Energie in der Ration wichtig, um einen Nährstoffmangel oder eine einseitige Überversorgung zu vermeiden.

In der konventionellen Sauenhaltung bereitet die Sättigung der tragenden Zuchtsau häufig Probleme, da die Futtermenge begrenzt wird und Grundfutter aus arbeitstechnischen Gründen nicht angeboten wird. Das fehlende Sättigungsgefühl führt zu erheblich verringertem Wohlbefinden der Sauen, zu Unruhe und Verhaltensstörungen. In der EU-Verordnung ist für den Ökologischen Landbau festgelegt, dass der Tagesration von Schweinen und Geflügel frisches, getrocknetes oder siliertes Raufutter beizugeben ist. Durch diese Form der „kombinierten Fütterung" (Grundfutter und Ergänzungsfutter) nehmen trächtige Zuchtsauen täglich bis zu ca. 4 kg Futter-Trockenmasse auf. In der Laktation werden demgegenüber in Abhängigkeit von Ferkelzahl und Rationszusammensetzung rund 5 kg Futter-Trockenmasse verzehrt.

5.2.2 Geflügel

Die verzehrte Futtermenge hängt beim Geflügel neben dem Gehalt des Futters an Energie und Nährstoffen in besonderem Maß von der Futterstruktur ab. Auf die Sinnesleistung von Hühnern bei der Nahrungssuche und -aufnahme wurde schon in Kapitel 3.2 hingewiesen. Mehr noch als bei Schweinen kann eine ungeeignete Futterstruktur (z.B. hoher Feinanteil im Alleinfutter) zu einer verminderten Futteraufnahme führen. Außerdem kann in den Sommermonaten die Futteraufnahme deutlich geringer als in der kühleren Jahreszeit sein. Die Ursache der verringerten Futteraufnahme liegt in der verminderten Abgabe von Wärme, die bei der Verdauung und im Stoffwechsel der Tiere entsteht, an die Umgebungsluft. In diesem Fall ist es sinnvoll, die Mahlzeiten der Tiere verstärkt in die kühlere Tageszeit (Morgen, früher Abend) zu verlegen und den Tieren Schattenplätze im Auslauf anzubieten.
Der Futterverzehr von Legehennen ist abhängig von der Legeleistung und vom Hennentyp. Schrotförmiges Futter sollte weitgehend eine einheitliche Körnchengröße aufweisen, um das Auswählen größerer Teilchen durch die Hennen zu vermeiden. Legehennen nehmen durchschnittlich ca. 120 g Futter/Tag auf.
Bei Bio-Masthühnern steigt der tägliche Futterverzehr von unter 20 g in der ersten Lebenswoche auf etwa 75 g in der vierten Mastwoche an und beträgt in der zehnten Woche rund 150 g. Einen ähnlichen Verlauf kann man bei Mastputen (Truthühnern) beobachten: In der ersten Mastwoche nehmen die Tiere 15–20 g Futter je Tag auf; die tägliche Futteraufnahme steigt bis zur zehnten Woche auf 200-230 g an, die männlichen Tiere verzehren zu Mastende mit ca. 23 Wochen dann etwa 600 g täglich.

6 Die wichtigsten Futtermittel

In diesem Kapitel sollen praxisübliche Futtermittel für Schweine und Geflügel vorgestellt werden. Die Inhaltsstoffgehalte sind in Tabelle 15 zusammengefasst.

Aus verschiedenen Gründen ist der Anteil vieler Futtermittel in den Futterrationen zu begrenzen. Tabelle 16 gibt dazu Richtwerte an.

6.1 Körner und Samen

Alle Körnerfrüchte haben einige gemeinsame Eigenschaften, weswegen sie sich besonders gut für die Fütterung von Schweinen und Geflügel eignen: Die Nährstoffverdaulichkeit ist hoch und sie sind reich an hochwertigen Kohlehydraten. Körnerfrüchte haben einen geringen Wassergehalt und sind damit gut zu transportieren und zu lagern. Durch den geringen Rohfasergehalt sind sie für Schweine und Geflügel besonders gut verwertbar.

6.1.1 Getreide

Der wichtigste Nährstoff dieser Futtermittel ist mit einem Anteil von 55 bis 65 % die Stärke. Getreide sind daher vorrangig energieliefernde Futtermittel. Für Schweine und Geflügel ist wegen des hohen Getreideanteils in den Rationen zusätzlich der Eiweißgehalt von Bedeutung.

Für die praktische Fütterung ist entscheidend, dass der Rohproteingehalt einzelner Getreideproben weit vom Mittelwert, wie er in Futterwert-Tabellen angegeben ist, abweichen kann. Daher sollte der Eiweißgehalt regelmäßig analysiert werden, um den Anteil an notwendigen und teuren Eiweißfuttermitteln genauer abschätzen zu können.

HINWEIS

Für optimale Rationsgestaltungen sind regelmäßige Futtermitteluntersuchungen unerlässlich! Nur so kann der Futterwert der betriebseigenen Futtermittel richtig eingeschätzt und eine optimale Ration zusammengestellt werden!

Gerste gilt als typisches Futtergetreide. Besonders für Mastschweine, aber auch für Zuchtsauen ist Gerste ein vorteilhaftes Futtermittel, das den Anforderungen der Tiere bezüglich Verdaulichkeit und Energiegehalt optimal entspricht. Dagegen ist der Einsatz in Rationen für Ferkel und Aufzucht- bzw. Mastgeflügel beschränkt (Tab. 16). Im Futterwert gibt es keine nennenswerten Unterschiede zwischen Winter- und Sommergerste.

TAB. 15: *Übersicht über die Nährstoff- und Energiegehalte der wichtigsten Futtermittel (Angaben je kg Futtermittel)*

Futtermittel	Trocken-masse (%)	Rohprotein (%)	Rohfett (%)	Rohfaser (%)
Körner und Samen				
Gerste	87,0	10,4	2,2	4,6
Weizen	87,0	12,0	1,7	2,5
Weizen-Ausputz	87,9	13,1	1,3	2,8
Triticale	87,0	11,2	1,6	2,3
Roggen	87,0	9,8	1,6	2,4
Mais	87,0	9,2	4,0	2,3
Erbsen	88,7	22,4	0,9	6,8
Ackerbohnen	87,0	26,0	1,4	7,8
Lupine, weiß, süß	87,0	32,7	7,7	11,8
Sojabohnen, dampferhitzt	93,5	37,8	18,8	5,6
Knollen und Wurzeln				
Kartoffeln, roh, 16 % Stärke	22,0	2,1	0,1	0,6
Kartoffeln, gedämpft, 16 %	22,0	2,2	0,1	0,6
Futterrübe (gehaltvolle)	14,6	1,2	0,1	1,0
Grünfutter und Grünfutterkonservate				
Wiesengras	16,0	3,0	0,6	3,2
Rotklee	14,0	2,9	0,6	2,7
Maiskornsilage	65,0	6,8	2,7	1,7
Grassilage	40,0	6,7	1,6	8,9
Grasgrünmehl, junge Pflanzen	90,0	17,7	4,1	18,8
Futtermittel aus der Verarbeitung pflanzlicher Rohstoffe				
Weizenkleie	88,7	16,3	3,5	10,4
Kürbiskernkuchen	96,5	52,0	12,3	4,5
Kartoffeleiweiß	89,0	67,6	0,4	3,8
Maiskleber	92,7	52,0	2,4	1,4
Rapskuchen	91,0	32,8	15,3	10,0
Futtermittel aus der Verarbeitung tierischer Rohstoffe				
Magermilchpulver	96,0	35,0	0,5	0,0
Labmolke, frisch	5,0	0,7	0,1	0,0
Buttermilch, frisch	8,0	3,0	0,5	0,0

Quellen: BLT (1999), NRC (1994), Petersen (2001), eigene Untersuchungen

ME (Schwein) (MJ)	ME_N (Geflügel) (MJ)	Lysin (%)	Methionin+Cystein (%)	Threonin (%)	Tryptophan (%)	Kalzium (%)	Phosphor (%)	Natrium (%)
12,54	11,30	0,38	0,41	0,36	0,12	0,07	0,34	0,03
13,63	12,63	0,34	0,38	0,35	0,16	0,06	0,33	0,02
13,52	12,51	0,31	0,45	0,34	0,11	0,05	0,35	0,01
13,64	12,45	0,34	0,35	0,29	0,12	0,05	0,30	0,02
13,29	12,10	0,40	0,44	0,35	0,09	0,08	0,29	0,02
13,93	13,59	0,24	0,40	0,33	0,06	0,03	0,35	0,02
13,65	11,12	1,48	0,51	0,75	0,16	0,09	0,45	0,01
12,52	10,67	1,67	0,48	0,91	0,23	0,14	0,42	0,02
13,45	7,91	1,70	0,95	1,34	0,33	0,25	0,44	0,05
16,43	14,71	2,38	1,10	1,44	0,53	0,27	0,66	0,02
2,57	–	0,11	0,07	0,09	0,03	0,01	0,06	0,01
3,30	–	0,11	0,06	0,08	0,02	0,02	0,06	0,00
1,81	–	0,04	0,05	0,03	0,01	0,04	0,04	0,06
1,40	–	0,15	0,07	0,12	0,04	0,11	0,06	0,01
1,26	–	0,16	0,07	0,14	0,05	0,18	0,05	0,01
10,17	8,67	0,18	0,28	0,26	0,06	0,03	0,26	0,01
2,98	–	0,27	0,13	0,27	0,09	0,28	0,15	0,04
7,02	5,41	0,75	0,41	0,74	0,27	0,75	0,38	0,01
8,79	6,17	0,56	0,56	0,47	0,19	0,13	1,26	0,01
16,81	–	1,86	1,58	1,54	0,80	0,12	2,04	0,91
15,56	–	5,11	1,99	4,16	0,86	0,14	0,19	0,02
16,69	13,69	0,71	2,31	1,84	0,28	0,04	0,33	0,03
13,47	9,80	1,74	1,15	1,44	0,43	0,63	1,08	0,01
15,15	11,49	2,67	1,16	1,63	0,49	1,30	1,05	0,35
0,70	–	0,05	0,03	0,04	0,01	0,04	0,05	0,03
1,33	–	0,23	0,10	0,14	0,04	0,09	0,07	0,03

TAB. 16: *Einsatzgrenzen von Futtermitteln in Schweine- und Geflügelrationen*

Futtermittel	Empfohlene Höchstmengen in Rationen für leere/tragende Sauen (Werte je Tier und Tag)	laktierende Sauen (Werte je Tier und Tag)	Mastschweine (Menge in %
Gerste (ungeschält)	–	–	–
Hafer	–	–	10
Roggen	10–20 % der T	0	30 (Anf.mast) – 50 (Endmast)
Mais (Körner)	2 kg	3 kg	30–50 (Endmast)
Erbsen	20 % der T		20–30
Ackerbohnen	10 % der T		20
Lupinen, weiß, süß	10–15 % der T		15
Sojabohnen (hitzebehandelt)	20 % der T		20 (in Endmast weniger)
Kartoffeln, gedämpft (u. siliert)	4 kg	5,5 kg	10 (Anf.mast) – 50 (Endmast)
Futterrüben	10 kg	10 kg	40
Wiesengras u. Kleegras	10–15 kg	2 kg	10
Maissilage	5 kg	2 kg	1 kg
CCM-Silage	2,5 kg	4 kg	30–50 (Endmast)
Maiskleber	ungebräuchlich		2–4
Labmolke, frisch	10 Liter	15 Liter	30
Magermilchpulver	ungebräuchlich	5–8 %	–

T = Trockenmasse; – = unbegrenzt einsetzbar; * = beschränkt einsetzbar

Empfohlene Höchstmengen in Rationen für				
Ferkel	Legehennen	Aufzuchtgeflügel	Mastgeflügel	limitierende Faktoren
der Gesamtfutter-Trockenmasse)				
10–25	20	30	10	Spelzen, β-Glucane
0	20	20	eher ungeeignet	Rohfaser, Verdaulichkeit, Polyensäuren
0	20	5–15	5	Schmackhaftigkeit, Pentosane, β-Glucane
–	–	*	–	Polyensäuren, lysinarm
10	20–30	20–30	30	methioninarm, Bitterstoffe, Hemmstoffe
10–15	10–20	15	25	methioninarm, Bitterstoffe, Hemmstoffe
10–15	10–20	20	20	Schmackhaftigkeit, Verdaulichkeit, Energiegehalt
*	15	10	20	Phytinsäure, Polyensäuren
*		bis 50g/Tier u. Tag		wenig Eiweiß, Wassergehalt
*		ungebräuchlich		wenig Eiweiß, Wassergehalt
ungeeignet	?	?	?	Rohfaser, Linolsäure
ungeeignet		ungebräuchlich		Rohfaser
ungeeignet		ungebräuchlich		
*	7–8	7	7	Proteinqualität
*		ungebräuchlich		Futteraufnahmemenge, Futterhygiene!
–	5	4	4	Laktose für Geflügel nicht abbaubar, Preiswürdigkeit

TAB. 17: *Vergleich von biologisch erzeugtem Weizen und Triticale mit Futterwert-Tabellen (Angaben in %)*

	Literaturwerte	Werte aus eigenen Analysen	Eigene Werte in % der Literaturwerte
		Weizen	
Rohprotein	14,8	11,7	85
Lysin	0,34	0,25	74
Methionin	0,20	0,17	83
Cystein	0,29	0,26	90
Threonin	0,37	0,29	78
Tryptophan	0,15	0,09	63
		Triticale	
Rohprotein	14,6	10,1	69
Lysin	0,39	0,27	70
Methionin	0,19	0,15	79
Cystein	0,26	0,22	86
Threonin	0,35	0,26	75
Tryptophan	0,14	0,07	53

Weizen ist ein hervorragendes Futtermittel sowohl für Schweine als auch für Geflügel. Eigene Untersuchungen haben ergeben, dass biologisch erzeugter Weizen und Triticale deutlich geringere Eiweiß- und Aminosäurengehalte aufweisen als in gebräuchlichen Futterwert-Tabellen angegeben sind (Tab. 17). Es zeigt sich auch hier, dass regelmäßige Futteranalysen besonders wichtig sind!

Roggen und **Triticale** können ebenso in der Schweine- und Geflügelfütterung eingesetzt werden. Bei höheren Rationsanteilen kommt es bei Roggen allerdings zu Geschmacksbeeinträchtigungen (Roggen schmeckt bitter) und vor allem Schweine nehmen solche Futtermischungen nicht mehr gerne auf. Bei der Verfütterung an Mastschweine in der Endmast soll Roggen allerdings die Fettkonsistenz (festerer Speck) günstig beeinflussen.

Hafer wird vor allem in Form von Flocken in der Ferkelfütterung eingesetzt. Aber auch für Zuchtsauen ist Hafer ein gut geeignetes Futtermittel. Vorsicht ist nur insofern geboten, als Hafer zu Verpilzung neigt. Aufgrund des Rohfasergehalts und des hohen Gehalts an mehrfach ungesättigten Fettsäuren (Polyensäuren) – die einen weichen Speck bewirken – ist Hafer nur in begrenztem Umfang für Mastschweine einzusetzen.

Mais ist ein gutes Energiefuttermittel für Schweine, wenn auch wegen des Polyensäurengehalts bei Mastschweinefutter Vorsicht geboten ist. Im Legehennenfutter bewirkt Mais eine dunklere (gelbe) Dotterfarbe. Auch Maissilage oder CCM kann Schweinen verfüttert werden.

6.1.2 Körnerleguminosen und fettreiche Samen

Erbsen und **Ackerbohnen** sind in ökologisch wirtschaftenden Betrieben die wichtigsten Eiweißfuttermittel. Sie zählen zu den stärkereichen Hülsenfrüchten und enthalten daher im Vergleich zu den stärkearmen Lupinen weniger Rohprotein. Erbsen und Ackerbohnen sind lysinreich und gut verdaulich. Sie enthalten allerdings Bitterstoffe, weshalb die Rationsanteile gewisse Werte nicht überschreiten sollen. Der Methionin-Gehalt ist relativ gering, weswegen vor allem in der Geflügelfütterung der Einsatz begrenzt ist (Tab. 16).

Süßlupinen sind deutlich faser- und fettreicher als Ackerbohnen und Erbsen. Neuzüchtungen von Weißen Süßlupinen erreichen Fettanteile von ca. 11 %, das entspricht etwa dem halben Fettanteil von Sojabohnen. Sie enthalten hohe Gehalte an essentiellen, ungesättigten Fettsäuren.
Die Süßlupine wäre aufgrund ihres im Vergleich zu Ackerbohne und Erbse höheren Eiweißgehaltes und günstigeren Aminosäurenmusters eine interessante Proteinquelle. Pflanzenbauliche Nachteile sowie unerwünschte Inhaltsstoffe (z.B. Enzym-Hemmstoffe) begrenzen aber den Einsatz in der Fütterung. Ob gelbe oder weiße Lupinen zum Einsatz kommen, hängt vor allem von pflanzen-

baulichen Faktoren (gelbe Lupinen wachsen auf sauren, weiße auf alkalischen Böden) ab.

Zwei deutsche Versuche zeigten, dass Mastschweinerationen mit Erbsen und Lupinen bzw. Ackerbohnen und Lupinen als einzige Eiweißfuttermittel zu geringeren Tageszunahmen und stärkerer Verfettung der Tiere führen als Rationen mit Erbsen und Kartoffeleiweiß als Proteinquellen. Es wurde aber auch nachgewiesen, dass der intramuskuläre Fettanteil im Fleisch und damit die Schmackhaftigkeit bei diesen Rationen ohne Kartoffeleiweiß deutlich erhöht war.

Sojabohnen sollten an Schweine und Geflügel grundsätzlich nur hitzebehandelt (getoastet) verfüttert werden. Dadurch werden Enzym-Hemmstoffe zerstört und damit die Eiweißverwertung beträchtlich verbessert. Durch den hohen Fettgehalt sind Sojabohnen vor allem in der Mast zu begrenzen, da der hohe Anteil an ungesättigten Fettsäuren (Polyensäuren) ein Weichwerden des Körperfettes (Speck!) und eine erhöhte Oxidationsanfälligkeit („Ranzigwerden"!) bewirkt.

6.2 Knollen und Wurzeln

Charakteristisch für diese Futtermittelgruppe ist der hohe Wassergehalt. Dadurch sind Kartoffeln und Rüben nur begrenzt lagerfähig. Die Trockensubstanz besteht überwiegend aus Stärke (Kartoffeln) bzw. Saccharose (Rüben).

6.2.1 Kartoffeln

Die Schweinemast mit Kartoffeln hat aufgrund der hohen Arbeitskosten und der geringen Getreidepreise stark an Bedeutung verloren. Für manche Bio-Betriebe wären Kartoffeln ein preiswertes und gutes Futtermittel für Mastschweine und Zuchtsauen.

Allerdings zeigen Schweine, die mit rohen Kartoffeln gemästet werden, schlechte Mastergebnisse. Kartoffeln müssen daher gedämpft und zur Lagerung eventuell siliert werden, um eine optimale Verwertung der Kartoffelstärke im Dünndarm der Schweine zu ermöglichen. Die dafür notwendige Arbeitszeit und/oder technische Ausstattung ist oft nicht vorhanden, weshalb Futterkartoffeln bei Schweine haltenden Bio-Bauern als Futtermittel wenig beliebt sind.

Nicht vermarktungsfähige Speisekartoffeln aus Biologischer Landwirtschaft wären beispielsweise in Österreich in großen Mengen vorhanden. Laut einer Untersuchung werden aufgrund von Schalenfehlern jährlich etwa 11.000 t dieser an sich hochwertigen Kartoffeln kompostiert. Damit gehen pro Jahr etwa 250 t Rohprotein und 27,000.000 MJ ME (Schwein) aus dem Kreislauf der Biologischen Landwirtschaft verloren.

Für Mastschweine werden im Verlauf der Mastperiode steigende Kartoffelmengen mit gleichbleibenden Mengen von eiweißreichem Ergänzungsfutter kombiniert. Dadurch wird dem sich ändernden Bedarf an Energie und Eiweiß besonders gut Rechnung getragen. Auch niedertragenden Zuchtsauen könnten begrenzte Mengen an Kartoffeln in Form dieser kombinierten Fütterung angeboten werden.

6.2.2 Rüben

Beta-Rüben (Zuckerrüben, Gehaltsrüben und Masserüben) sind hochverdauliche Futtermittel, der energetische Futterwert liegt im unteren Bereich der Getreidefrüchte. Hauptinhaltsstoff ist die Saccharose.

Rüben können sehr gut in der Schweinemast und der kombinierten Fütterung von niedertragenden Sauen eingesetzt werden. Allerdings bedingt die Pflege der Kultur und die Futterzuteilung viel Handarbeit, weshalb diese an sich hochwertigen Futtermittel kaum noch verwendet werden.

6.3 Grünfutter und Grünfutterkonservate

Wiesen- und Ackerfutterschläge (Kleegras, Luzerne, Rotklee) stehen bei gezielter Nutzung im Eiweißertrag an der Spitze der landwirtschaftlichen Kulturen. Unter „gezielter Nutzung" ist vor allem eine frühe Ernte zu verstehen, damit der Rohfasergehalt nicht zu hoch wird und der Rohproteingehalt und die Verdaulichkeit ausreichend sind (Abb. 7).

Schweine sind durchaus in der Lage, rohfaserreiches Futter begrenzt zu verwerten, besonders wenn sie schon in der Aufzucht daran gewöhnt werden. Voraussetzung ist, dass eine Verdaulichkeit von etwa 60 % erreicht wird. Ein Beispiel verdeutlicht die Notwendigkeit der frühen Nutzung: Vor der Knospe weist Luzerne vom ersten Aufwuchs für Schweine noch eine Verdaulichkeit der organischen Substanz von 64 % auf, die im Stadium der Knospenbildung auf 56 % und zu Beginn der Blüte auf 51 % absinkt.

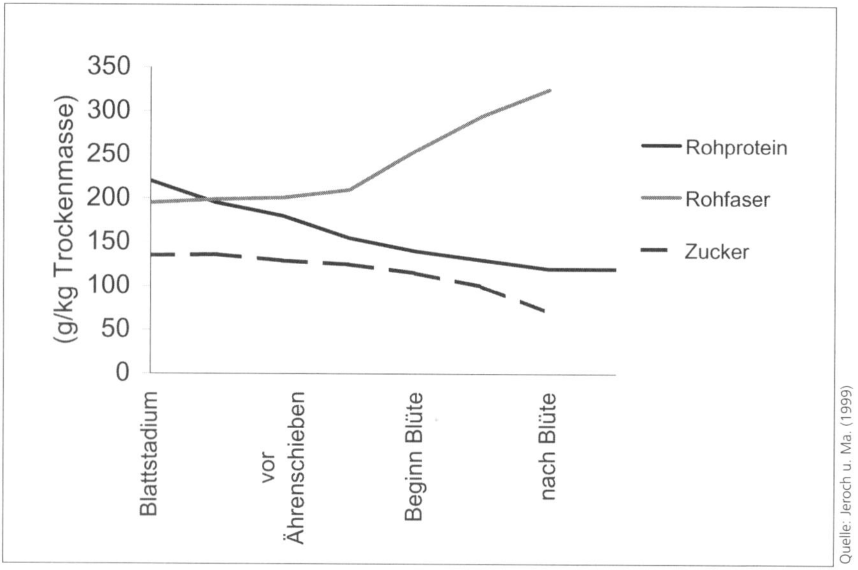

ABB. 7: *Änderung der Inhaltsstoffgehalte während des Aufwuchses von Weidelgras*

HINWEIS

Schweine sind keine Wiederkäuer! Nur JUNGES Grünfutter und dessen Konservate sollen verfüttert werden!

Vor allem in der Fütterung von niedertragenden Sauen und Zuchtläufern kann frisches Grünfutter oder Silage als Sättigungsfutter eingesetzt werden. Aber auch Mastschweine schätzen gutes Grünfutter (frisches oder siliertes Wiesengras, Kleegras, Luzerne oder Rotklee)! Das in der EU-Verordnung 1804/99 geforderte Anbieten von Raufutter kann auch sehr gut und arbeitssparend über eine Heuraufe erfolgen.

Legehennen und Mastgeflügel nutzen bewachsene Ausläufe ebenfalls zur Futteraufnahme. Vor allem junge Grashalme werden von Hühnern gezielt herausgepickt. Junges Grünfutter wird gerne aufgenommen, zur Nährstofflieferung trägt es allerdings – wie auch in der Mastschweinefütterung – wahrscheinlich kaum bei.

6.4 Futtermittel aus der Verarbeitung pflanzlicher Rohstoffe

Bei der Weizen- und Roggenvermahlung entstehen **Kleien** als Nebenprodukte. Sie eignen sich vor allem für Rationen für niedertragende Sauen. Für hochtragende oder laktierende Sauen, Mastschweine und Geflügel sind sie wegen des hohen Rohfasergehalts und der geringen Verdaulichkeit nur begrenzt geeignet.

Die maximalen Einsatzmengen ergeben sich aus dem Rohfaser- und Energiegehalt der Gesamtration. Während der Legeruhe (z.B. bei Wassergeflügel) und für Ferkelfutter nach dem Absetzen kann Weizenkleie dagegen sehr gut eingesetzt werden.

Unter **Ölkuchen** wird der Rückstand aus der Pressung verschiedener ölhaltiger Samen verstanden. Aus biologisch erzeugten Rohstoffen sind derzeit nur relativ geringe Mengen an Ölkuchen erhältlich, somit kommen hauptsächlich Kuchen aus konventioneller Erzeugung zum Einsatz.
Sojaextraktionsschrot, der in der konventionellen Landwirtschaft das bedeutendste Eiweißfuttermittel ist, darf in Bio-Betrieben nicht eingesetzt werden!
Sojakuchen ist ähnlich hochwertig, wenngleich der Restfettgehalt durch das technische Verfahren bedingt höher liegt (ca. 10 % XL).
Gut geeignet für die Schweinefütterung ist Kürbiskernkuchen. Er ist allerdings in Bio-Qualität in Österreich ebenfalls nur in geringen Mengen vorhanden.
Bei allen Ölkuchen begrenzt der Fettgehalt bzw. vor allem der Gehalt an Polyensäuren den Einsatz bei Masttieren.

Maiskleber und Maiskleberfutter fallen bei der Herstellung von Maisstärke an. Beide Futtermittel enthalten relativ geringe Mengen an Lysin und Tryptophan. Bei typischen Bio-Futterrationen (hohe Anteile an Körnerleguminosen) können sie allerdings die Versorgung der Tiere mit schwefelhältigen Aminosäuren verbessern.
Maiskleber enthält hohe Anteile an Carotinoiden (Pflanzenfarbstoffe). Diese bewirken bei der Legehennenfütterung eine intensivere Dotterfarbe und auch bei Masthühnern mit gelber Hautfarbe eine Verstärkung der Farbintensität.

Kartoffeleiweiß ist ein Nebenprodukt der Herstellung von Kartoffelstärke. In Österreich wird zwar Kartoffelstärke aus biologisch erzeugten Kartoffeln produziert, aufgrund der geringen Mengen wird Bio-Kartoffeleiweiß aber derzeit nicht von konventionellem getrennt. Damit kann dieses sehr hochwertige Eiweißfuttermittel derzeit zwar bis zu gewissen Grenzen (siehe Kapitel 2) in der Fütterung eingesetzt werden; inwieweit sich die Gentechnik bei Stärkekartoffeln in der konventionellen Landwirtschaft durchsetzen und damit Kartoffeleiweiß für Bio-Betriebe verboten sein wird, ist derzeit noch nicht abzuschätzen.
Eigene Untersuchungen haben ergeben, dass der deklarierte Proteingehalt nicht erreicht wird (Tab. 15).

6.5 Futtermittel aus der Verarbeitung tierischer Rohstoffe

Als Futtermittel tierischen Ursprungs sind laut EU-Verordnung 1804/99 für biologisch wirtschaftende Betriebe nur Milch und deren Nebenprodukte sowie einige Fischerzeugnisse bzw. deren Nebenprodukte erlaubt.

Nationale Regelungen können allerdings zusätzliche Einschränkungen beinhalten: So ist in Österreich die Verfütterung von Fischerzeugnissen nicht erlaubt.

Buttermilch ist ein Nebenprodukt bei der Butterherstellung und entspricht im Nährstoffgehalt in etwa der **Magermilch**. Beide enthalten sehr hochwertiges Eiweiß und sind sehr gut verdaulich (>90 %).
Der hohe Wassergehalt macht diese Futtermittel – ebenso wie frische Molke – vor allem für Betriebe mit Hofkäserei oder für solche, die in der Nähe von Bio-Molkereien angesiedelt sind, interessant. Ansonsten übersteigen die Transportkosten rasch den Wert der Produkte.
Getrocknete Milchnebenprodukte (Magermilch-, Molkenpulver) sind sehr gute Komponenten in Schweine- und Geflügelrationen, allerdings sind die Kosten der Trocknung und damit der Produkte relativ hoch. Geflügel kann allerdings Laktose nicht verdauen, weswegen hier Grenzen bei der Verfütterung einzuhalten sind (Tab. 16).

Bei der Herstellung von Käse fällt als Nebenprodukt Süß- oder **Labmolke** an. Nachdem der größte Teil des in der Vollmilch vorhandenen Eiweißes bei der Käseerzeugung gefällt wird, enthält Molke nur noch geringe Mengen eines sehr hochwertigen Proteins.
Bio-Molke ist in Österreich als mögliches Energie-Futtermittel in großen Mengen vorhanden, und die Molkenmast ist eine bewährte Mastmethode.
Der Energiegehalt von 12 Litern Molke entspricht etwa dem von einem Kilogramm Gerste.

7 Praktische Fütterung, Futterrationen

Die hier vorgestellten Rationen sind grundsätzlich als Beispiele zu verstehen, die je nach den betrieblichen Erfordernissen und den zur Verfügung stehenden Futtermitteln verändert werden können und sollen.

Bei jedem Futterwechsel müssen die Tiere die Gelegenheit erhalten, sich an neu angebotene Futtermittel zu gewöhnen. Deshalb sollten Futterumstellungen nie schlagartig, sondern immer nur gleitend, das heisst über einen Zeitraum von wenigstens 4 Tagen – besser einer Woche – erfolgen.

Dies gilt sowohl für den Einsatz neuer Einzelfuttermittel in der Ration als auch für die Umstellung von Rationen beim Eintritt in eine neue Leistungsphase (z.B. Trächtigkeit – Laktation, Aufzuchtfütterung – Mast etc.)

Auch die LandwirtInnen müssen Erfahrungen mit erstmals eingesetzten Futtermitteln sammeln, um wirtschaftlich erfolgreich zu sein. Sie müssen mit den Eigenschaften von Futtermitteln vertraut werden und deren Wirkung auf ihre Tiere beobachten und abschätzen lernen.

TIPP

Futterumstellungen müssen immer langsam über einen Zeitraum von mehreren Tagen durchgeführt werden, damit sich die Tiere an die neue Futterzusammensetzung (Farbe, Struktur, Geruch, Geschmack, Verdaulichkeit, Nährstoffgehalt, negativ wirkende Inhaltsstoffe etc.) gewöhnen können. Bei plötzlichen Futterumstellungen besteht die Gefahr von verminderter Futteraufnahme, Leistungseinbrüchen und Störungen der Tiergesundheit.

7.1 Schwein

7.1.1 Zuchtsauen

Das Fütterungsprinzip bei Zuchtsauen soll während der Trächtigkeit ein Überangebot an Energie vermeiden und während der Säuegezeit (Laktation) eine ausreichende Energie- und Nährstoffversorgung gewährleisten, um einen übermäßigen Lebendmasse-Verlust in der Laktation zu vermeiden. Höhere Lebendmasse-Abnahmen in der Laktation führen selbst bei Ausgleich in der folgenden Trächtigkeit zu einer fortschreitenden Verminderung des Fettgehaltes im Sauenkörper, weil Lebendmasse-Verluste in der Laktation nicht mit dem Zuwachs während der Trächtigkeit identisch sind. Die Folgen können ein vermehrtes Auftreten des sogenannten „Dünne-Sauen-Syndrom" und Sterilität (Unfruchtbarkeit) sein.

Für Jungsauen ist zu beachten, dass sie zum Zeitpunkt des ersten Deckens etwa 110 bis 120 kg wiegen und damit noch keinesfalls ausgewachsen sind.

Sie müssen während der 1. Trächtigkeit 60 bis 70 kg zunehmen, da neben Föten, Plazenta, Fruchtwasser und Milchdrüse auch noch 25–30 kg an Körpersubstanz angesetzt werden sollen. Damit diese Zunahmen möglich sind, muss der tägliche Bedarf der Jungsau (28 bis 30 MJ ME/Tag, 11 bis 14 g Lysin/Tag) gedeckt werden.

Die Nährstoff-Versorgung von trächtigen Zuchtsauen kann durch Kombination von 1,5 bis 2 kg (2,5 kg bei Erstlingssauen und hochträchtigen älteren Zuchtsauen) eines Ergänzungsfuttermittels mit einem Grundfuttermittel erfolgen. Bei hochtragenden Sauen wird die Grundfuttermenge um etwa 1/3 reduziert und das Ergänzungsfutter dem Bedarf entsprechend angepasst. Im letzten Drittel der Trächtigkeit ist es sinnvoll, auf ein Alleinfutter für laktierende Sauen (Tab. 18) umzustellen. Als Grundfutter werden hofeigene Futtermittel wie Heu, Grünfutter, Silagen, Rüben oder andere Knollen und Wurzeln verfüttert.

TIPP

Die angebotene Futtermenge richtet sich bei tragenden Sauen nach der Körperkondition, die in etwa „mittel" sein sollte. Bei Jungsauen ist darüber hinaus der Bedarf für das noch nicht abgeschlossene Wachstum zu berücksichtigen. Die Menge an angebotenem Grundfutter ist an das Futteraufnahme-Vermögen der Sauen („Rahmigkeit") anzupassen und kann erhebliche Schwankungen aufweisen.

Als Richtwert für das tägliche Futterangebot während der Säugezeit (in kg) kann die Summe aus 1 % der LM der Sau + 0,45 kg je Ferkel angenommen werden. Ab einer Wurfgröße von mehr als 9 Ferkeln empfiehlt es sich, das Alleinfutter ad libitum (zur freien Aufnahme) anzubieten. Die laktierende Sau erhält ein nährstoffdichtes Futtermittel mit einem nicht zu hohen Rohfasergehalt. In der Ökologischen Landwirtschaft ist es nötig, auch der laktierenden Sau begrenzte Grundfuttermengen (z.B. ca. 2 kg Grünfutter/Tier und Tag) anzubieten. Säugenden Sauen sollte das Futter täglich mindestens zweimal angeboten werden, besser 3- oder 4-mal.

TAB. 18: *Vorschläge für Futtermischungen für Zuchtsauen*

Futtermittel/ Inhaltsstoffgehalt	Trächtigkeitsfutter Einzelfuttermittel in %			Laktationsfutter Einzelfuttermittel in %		
Tritikale, Weizen	12,5	40,5	62,5	25,2	31,2	52,2
Gerste	50,0	35,0	31,0	35,0	32,0	–
Mais	–	–	–	–	–	25,0
Hafer	20,0	10,0	–	10,0	10,0	–
Erbsen	15,0	7,0	–	15,0	10,0	–
Sojabohne	–	–	–	–	10,0	7,0
Ackerbohne/Lupine süß	–	5,0	–	7,0	–	4,0
Sonnenblumen-, Kürbiskernkuchen	–	–	2,0	–	–	5,0
Kartoffeleiweiß	–	–	2,0	4,0	3,0	3,0
kohlensaurer Futterkalk	1,0	1,0	1,0	0,8	0,8	0,8
Dikalziumphosphat	1,0	1,0	1,0	2,5	2,5	2,5
Mineralstoff-, Vitaminergänzung	0,5	0,5	0,5	0,5	0,5	0,5
Umsetzbare Energie ME, MJ/kg	12,2	12,6	13,0	12,5	12,9	13,5
Rohprotein, %	12,2	12,9	13,6	16,1	16,5	17,8
Rohfaser, %	5,5	4,5	2,9	4,6	4,3	2,7
Lysin, %	0,6	0,6	0,6	0,9	0,9	0,9
Methionin + Cystein, %	0,4	0,5	0,6	0,6	0,6	0,7
Kalzium, %	0,7	0,7	0,7	1,0	1,0	1,0
Phosphor, %	0,5	0,5	0,5	0,7	0,8	0,7
Natrium, %	0,2	0,2	0,2	0,2	0,2	0,2

7.1.2 Ferkel

Saugferkel nehmen zunächst Kolostrum (Biestmilch) und danach Milch auf. In den ersten 2 Wochen deckt die Muttermilch mit Ausnahme von Eisen den Nährstoffbedarf des Ferkels. Ab der 2. Lebenswoche soll beigefüttert werden, um einerseits eine optimale Entwicklung der Ferkel und andererseits die Anregung der Bildung von Verdauungsenzymen für milchfremde Nährstoffe (Stärke, pflanzliches Eiweiß) zu gewährleisten. In Tabelle 19 sind Angaben zur möglichen Rationszusammensetzung von Ferkelaufzuchtfutter I und Ferkelaufzuchtfutter II zusammengefasst.

In dieser Phase sind alle Maßnahmen, die die Futteraufnahme anregen, anzuwenden: Oftmaliges Vorlegen frischen Futters in gereinigten Futtergefäßen, Einsatz geschmacklich guter Futtermittel, Einmischen geringer Mengen an Öl zur Staubbindung und Attraktivitätssteigerung, ausreichende Wasserversorgung usw.

TIPP

Die Eisenversorgung von Saugferkeln kann durch Zugang zu Wühlarealen, durch Anbieten von einwandfreiem, gut verrottetem Kompost, Moortränke und ähnlichem gesichert werden.

Die EU-Verordnung schreibt vor, dass Ferkel bis zum 40. Tag mit natürlicher Milch ernährt werden müssen. Aus der Praxis wird immer wieder von positiven Erfahrungen (weniger Umstellungsprobleme und Ferkeldurchfälle, bessere Entwicklung der Ferkel) mit einer verlängerten Säugeperiode von bis zu 55 Tagen berichtet.

Das Futterangebot für Ferkel (Saug- sowie Absetzferkel) soll grundsätzlich ad libitum erfolgen. Ein Futterwechsel ist immer innerhalb von etwa 5 Tagen durch langsame Erhöhung des neuen Futters durchzuführen. Es werden ca. 3 kg Ferkelstarter und ca. 50 kg Ferkelaufzuchtfutter je Ferkel benötigt.

TAB. 19: *Rationsvorschläge für Ferkelfuttermischungen*

Futtermittel	Ferkelstarter Einzelfutter-mittel in %	Ferkelaufzuchtfutter I Einzelfutter-mittel in %			Ferkelaufzuchtfutter II Einzelfutter-mittel in %		
Tritikale, Weizen	26,7	40,5	41,0	34,5	24,6	25,6	31,6
Gerste	–	10,0	14,5	–	24,0	26,0	32,0
Hafer, Haferflocken	10,0	–	10,0	10,0	–	–	10,0
Mais	20,0	28,0	6,0	26,0	25,0	25,0	–
Trockenmagermilch	5,0	–	–	6,0	–	–	–
Sojabohnen	12,0	–	–	–	–	–	–
Erbsen	10,0	–	–	5,0	9,0	–	4,0
Ackerbohnen/ Lupine süß	–	5,0	10,0	–	–	10,0	–
Sonnenblumen-, Kürbiskernkuchen	–	–	–	6,0	–	–	6,0
Kartoffeleiweiß	12,0	13,0	9,0	8,0	9,0	9,0	6,0
Rapskuchen	–	–	5,0	–	4,0	–	6,0
Öl	1,0	–	1,0	1,0	1,0	1,0	1,0
kohlens. Futterkalk	0,8	1,0	1,0	1,0	0,9	0,9	0,9
Dikalziumphosphat	1,8	2,0	2,0	2,0	2,0	2,0	2,0
Mineralstoff-, Vitaminergänzung	0,7	0,5	0,5	0,5	0,5	0,5	0,5
Umsetzbare Energie ME, MJ/kg	14,0	13,4	13,3	13,6	13,4	13,3	13
Rohprotein, %	22,7	20,2	19,8	20,6	18,0	18,3	19,1
Rohfaser, %	3,9	3,1	4,2	2,9	3,2	3,6	4,2
Lysin, %	1,4	1,2	1,1	1,2	1,0	1,0	1,0
Methionin + Cystein, %	0,8	0,8	0,8	0,8	0,7	0,7	0,7
Lysin, g/MJ ME	1,0	0,9	0,9	0,9	0,8	0,8	0,8
Kalzium, %	0,9	1,0	1,0	1,0	0,9	0,9	0,9
Phosphor, %	0,7	0,7	0,7	0,8	0,7	0,7	0,8
Natrium, %	0,2	0,2	0,2	0,3	0,2	0,2	0,2

7.1.3 Mastschweine

Es soll hier noch einmal daran erinnert werden, dass sich der Bedarf an Energie und Eiweiß von Mastschweinen im Mastverlauf verändert (Abb. 8), worauf bei der Fütterung Rücksicht genommen werden muss. Es sind daher unbedingt zumindest zwei, besser drei unterschiedliche Rationen (Anfangs-, Mittel-, Endmastfutter) vorzusehen, damit zu Beginn der Mast der höhere Eiweißbedarf gedeckt werden kann und es zu Mastende nicht zu einer Eiweißüberversorgung (Verschwendung teurer Eiweißfuttermittel, Stoffwechselbelastung und erhöhte Stickstoff-Ausscheidung) kommt! Die Futtermengenzuteilung in der Anfangs- und Mittelmast erfolgt ad libitum (zur freien Aufnahme). In der Endmast wird die Futtermenge begrenzt, um einer zu starken Verfettung der Schlachtkörper vorzubeugen. Die Tiere sollen als Richtwert nicht mehr als etwa 32 MJ ME täglich aufnehmen. In der Mast werden insgesamt ca. 240–250 kg Alleinfutter je Tier verbraucht. Strukturiertes Raufutter muss angeboten werden.

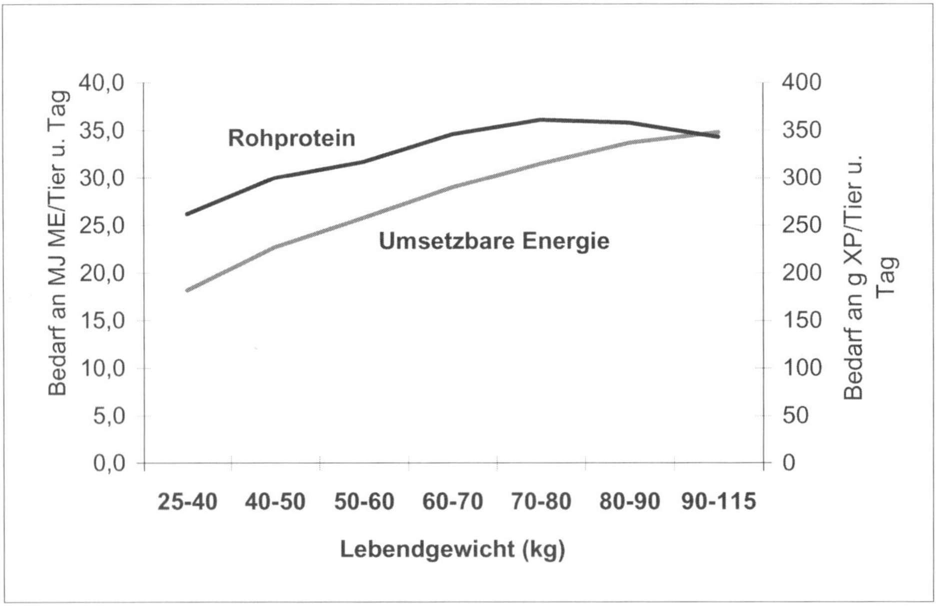

Quelle: Eigene Berechnungen nach DLG (1991)

ABB. 8: *Bedarf an Umsetzbarer Energie und Rohprotein von Mastschweinen*

Im Folgenden sollen für verschiedene Betriebssituationen jeweils zwei Rationen (Anfangsmast/Endmast) beispielhaft dargestellt werden. Natürlich muss jeder Betrieb je nach vorhandenen betriebseigenen Futtermitteln, Möglichkeiten des Futterzukaufs, Ausstattung an Arbeitskräften, Fütterungstechnik etc. eigene Rationen zusammenstellen. FütterungsberaterInnen der Bio-Verbände bzw. der Landwirtschaftskammern helfen bei Bedarf bei den Berechnungen (siehe auch Adressenteil im Anhang).

Es wird von durchschnittlichen Tageszunahmen von 700 g ausgegangen und für das Anfangsmastfutter der Bedarf eines etwa 45 kg schweren Mastschweins und für das Endmastfutter der Bedarf eines etwa 90 kg schweren Tieres unterstellt.

Beispiel 1: Spezialisierter Schweinemastbetrieb

Der Beispielbetrieb liegt im Ackerbaugebiet, als Eiweißfuttermittel wird Erbse angebaut. Konventionelle Eiweißfuttermittel wie Kürbiskernkuchen und Kartoffeleiweiß werden zugekauft und bis zum erlaubten Rahmen (20 %) eingesetzt. Die Anteile von Gerste und Triticale können gegeneinander ausgetauscht werden, natürlich kann auch Futterweizen oder Roggen (Tab.15 und 16) als Energiefuttermittel verwendet werden. Die dargestellten Futterrationen entsprechen in etwa jenen Futtermischungen, wie sie derzeit in österreichischen Bio-Betrieben mit guten Mastleistungen verwendet werden (Tab. 20).

Welche betriebseigenen Eiweißfuttermittel verwendet werden, hängt vor allem von pflanzenbaulichen Faktoren (Boden, Klima) ab. Im Vergleich zu Erbsen enthalten Ackerbohnen deutlich mehr Rohprotein im Verhältnis zum Energiegehalt und Lupinen weisen einen höheren Rohfasergehalt auf.

Die in der EU-VO 1804/99 vorgeschriebenen Raufuttergaben auch an Schweine wurde hier nicht berücksichtigt. Bisher wurde von den Kontrollstellen unter Um-

TAB. 20: *Futtermischungen für ökologisch wirtschaftende Schweinemast-Spezialbetriebe*

Futtermittel	Einheit	Anfangs-mastfutter	End-mastfutter
Gerste	%	48	30
Triticale	%	17	39
Erbse	%	20	23
Kartoffeleiweiß	%	6	–
Kürbiskernkuchen	%	6	8
Mineralstoff-, Vitaminergänzung	%	3	3
Umsetzbare Energie	MJ/kg FM	13,0	13,0
Rohprotein	%	18,5	16,0
Lysin	%	0,95	0,84
Lysin	g/MJ ME	0,73	0,65
Methionin+Cystein	g/MJ ME	0,44	0,37

ständen qualitativ gute Einstreu als Raufutter akzeptiert, in Zukunft wird das nicht mehr möglich sein. Zusätzlich zur hier vorgeschlagenen Ration muss also eine Raufe mit Heu, frischem Wiesengras oder Ähnlichem zur Verfügung gestellt werden.

Beispiel 2: Gemischter Betrieb mit Hofkäserei

In diesem Beispiel soll ein Betrieb dargestellt werden, der als Haupteinnahmequelle Milchkühe hält und eine eigene Käserei betreibt. Die Mastschweinehaltung soll hauptsächlich zur Verwertung der Nebenprodukte wie Molke und Ausputzgetreide dienen (Tab. 21). Natürlich kann in den Rationen statt Weizen-Ausputz auch Futtergetreide eingesetzt werden. Um die für gute Wachstums-

TAB. 21: *Futterrationen für ökologisch wirtschaftende gemischte Betriebe*

Futtermittel	Einheit	Anfangs-mastfutter	End-mastfutter
Labmolke	kg	7	13
Heu (früher Schnitt!)	kg	0,2	0,4
Ergänzungsfutter*)	kg	1,3	1,7
Summe	kg	8,5	15,1
Trockenmasse	kg	1,7	2,5
Umsetzbare Energie	MJ	24,0	32,0
Rohprotein	g	324	371
Lysin	g	16,7	19,8
Lysin	g/MJ ME	0,70	0,62
Methionin+Cystein	g/MJ ME	0,42	0,40
*) Zusammensetzung:			
Weizen-Ausputz, Gerste	%	50	69
Erbse	%	33	21
Sojabohne/Lupine	%	5	7
Rapskuchen	%	8	–
Mineralstoff-,Vitaminergänzung	%	4	3

leistungen erforderlichen Aminosäuren-Gehalte annähernd zu erreichen, müssen im Ergänzungsfutter zusätzlich zur Erbse hochwertige Eiweißfuttermittel wie Sojabohnen (erhitzt!), Lupinen, Raps- oder Kürbiskernkuchen eingesetzt werden.

Je nachdem, wieviel Molke und wieviel Stallraum zur Verfügung steht, kann die Anzahl der Mastschweine an den Anfall der Nebenprodukte angepasst werden. Natürlich kann die hier vorgeschlagene Molkenmast auch in Betrieben eingesetzt werden, die in der Nähe von Molkereien angesiedelt sind und die Bio-Molke zu einem günstigen Preis beziehen können.

Beispiel 3: Ackerbaubetrieb mit Kartoffelvermarktung

Ein weiteres Beispiel soll einen Betrieb darstellen, der sich auf die Verwertung von Kartoffeln spezialisiert hat. Bei der Sortierung ökologisch erzeugter Speisekartoffeln fallen sehr große Mengen an Bio-Kartoffeln als Nebenprodukte an, die nur aufgrund von Schalenfehlern aussortiert werden.

Hier kann die Kartoffelmast für innovative Betriebe eine Möglichkeit darstellen, hochwertige Futtermittel günstig zu verwerten und damit die Kreislaufwirtschaft innerhalb der Biologischen Landwirtschaft zu optimieren.

Diese Mastmethode eignet sich natürlich auch für Bio-Betriebe, die auf Kartoffelerzeugung und -vermarktung spezialisiert sind und die Schweinemast als Verwertung der betriebseigenen „Restkartoffel" einsetzen können (Tab. 22).

Zu Mastbeginn, solange die gefressenen Kartoffelmengen noch relativ gering sind, enthält das Ergänzungsfutter Weizen-Ausputz oder anderes Futtergetreide, um den erforderlichen Energiegehalt der Ration zu erreichen. Zu Mastende sollen die Tiere ihren Energiebedarf hauptsächlich aus den Kartoffeln decken, das Ergänzungsfuttermittel sichert nur noch die ausreichende Aminosäurenversorgung. Dazu sind nur geringe Mengen dieses „Eiweißkonzentrats" (0,7 kg/Tier und Tag) nötig.

Bei dieser Fütterungsstrategie sind allerdings die Probleme der Futtervorlage (am ehesten mit Hilfe eines Hoftracs) und Konservierung (Dämpfen und eventuell Silieren) zu lösen. Es gibt zwar spezielle Kartoffeldämpfmaschinen, der höhere Arbeitskraftbedarf als bei Getreidefütterung muss aber abgedeckt werden können. Beim Silieren gedämpfter Kartoffeln sind – wie bei allen Silagen – folgende Punkte zu beachten: zügiges Befüllen, gute Verdichtung, dichte Behälter, luftdichtes Abdecken und möglichst keine Verschmutzung. Zusätzlich soll der Sickersaft im Behälter aufgestaut werden, damit die Nährstoffverluste in Grenzen gehalten werden.

TAB. 22: *Futterrationen für ökologisch wirtschaftende Betriebe mit Kartoffelerzeugung*

Futtermittel	Einheit	Anfangs-mastfutter	End-mastfutter
Kartoffel gedämpft	kg	2,2	6,5
Wiesengras	kg	1,6	–
Heu (früher Schnitt!)	kg	–	0,2
Ergänzungsfutter*)	kg	1,1	0,7
Summe	kg	4,9	7,4
Trockenmasse	kg	1,7	2,3
Umsetzbare Energie	MJ	24,0	32,0
Rohprotein	g	330	366
Lysin	g	15,5	18,9
Lysin	g/MJ ME	0,65	0,59
Methionin+Cystein	g/MJ ME	0,38	0,31
*) Zusammensetzung:			
Weizen-Ausputz	%	41	–
Erbse	%	36	46
Lupine	%	–	26
Kürbiskernkuchen	%	12	12
Rapskuchen	%	6	8
Mineralstoff-,Vitaminergänzung	%	5	8

7.2 Geflügel

Die Erstellung tiergerechter Rationen für Geflügel auf biologisch wirtschaftenden Betrieben kann in Abhängigkeit von den folgenden Faktoren unterschiedlich schwierig sein:

- **Geflügelart:** Die Aufzucht-Fütterung von Truthühnern (Puten) stellt sicherlich die größte Herausforderung dar, gefolgt von Legehennen und Masthühnern in der Anfangsmast; Wassergeflügel ist vor allem nach der Aufzuchtphase vergleichsweise einfacher zu ernähren.
- **Genetische Herkunft und angestrebte Leistung:** Vielfach werden auch in der Biologischen Landwirtschaft konventionelle Hybrid-Herkünfte verwendet. Diese Tiere sind zumeist auf einseitige Höchstleistungen gezüchtet, sodass ihre tiergerechte Nährstoff-Versorgung unter den Bedingungen der Ökologischen Landwirtschaft nicht oder kaum mehr möglich ist. Das extremste Beispiel stellen diesbezüglich sicherlich die Weißen Breitbrust-Puten dar; andererseits können die derzeit verwendeten Masthühner-Herkünfte als Positivbeispiel dafür dienen, dass bei Verzicht auf hohe Zuwachsleistungen die Fütterung keine allzu großen Probleme bereitet.
- **Ausmaß des Futterzukaufs:** Derzeit ist eine tiergerechte Aminosäuren-Versorgung bei den meisten Geflügelarten nur durch den Zukauf konventioneller Ergänzungsfuttermittel möglich. Dies stellt nicht nur wegen der in Zukunft fraglichen Verfügbarkeit dieser Futtermittel (Änderungen der EU-Verordnung, zunehmende Verbreitung gentechnisch veränderter Pflanzen und anderer Futter-Rohstoffe, Preiswürdigkeit) ein technisches, sondern für die Glaubwürdigkeit des Biologischen Landbaus auch ein grundsätzliches Problem dar. Längerfristig sind alle an der Entwicklung des Ökologischen Landbaus Interessierte gefordert, für diese unbefriedigende Situation Lösungen zu erarbeiten.

7.2.1 Legehennen

Trotz vielfacher Bestrebungen ist es bisher nicht gelungen, ein Konzept eines Legehennen-Zuchtprogramms für die Biologische Landwirtschaft umzusetzen.

Daher werden auch im Öko-Landbau Hybridhennen verwendet, die mit ca. 20 Wochen zu legen beginnen und deren Legeleistungskurve für mehrere Wochen auf 95 % und darüber ansteigt.

Die „Fehlertoleranz" dieser Tiere (d.h. ihre Fähigkeit, Abweichungen vom Soll-Wert in der Umweltgestaltung zu verkraften) ist allerdings so gering, dass in der Praxis häufig Probleme mit Tiergesundheit und Verhaltensstörungen (Federpicken, Kannibalismus) auftreten. Die Fütterung stellt hierbei sicherlich einen wichtigen Faktor unter vielen anderen dar.

Vorschläge zu Legehennen-Rationen sind in Tabelle 23 angegeben. Die für die jeweilige Betriebssituation am besten geeignete Rezeptur ist in Abhängigkeit von der Verfügbarkeit der jeweiligen Futtermittel auszuwählen.

Bei allen Futtermischungen erfolgt die Protein- bzw. Aminosäuren-Versorgung unter anderem mit Körnerleguminosen.

Beim Einsatz von Ackerbohne oder Lupine (Variante 2) ist auf den Gehalt an Bitterstoffen sowie bei der Ackerbohne auf den sortenabhängig niedrigen Methioningehalt zu achten.

Das Leguminoseneiweiß wird in den vorgeschlagenen Futtermischungen durch Maiskleber bzw. Maiskleber und Kartoffeleiweiß ergänzt.

Der in verschiedenen Regionen vorhandene Kürbiskernkuchen weist gleichfalls relativ hohe Gehalte an schwefelhaltigen Aminosäuren auf und besitzt diesbezüglich eine gute Ergänzungswirkung.

TAB. 23: *Futtermischungen für Legehennen*

Futtermittel	Einzelfuttermittel in %			
Weizen, Triticale	49,0	47,7	35,1	39,2
Mais	–	–	20,0	18,6
Erbse	23,0	15,0	15,0	–
Ackerbohne, Lupine	–	10,0	–	–
Sojabohne	–	–	–	16,9
Maiskleber	10,6	9,9	6,0	3,9
Kartoffeleiweiß	–	–	5,0	–
Sonnenblumen-, Kürbiskernkuchen	–	–	4,0	6,0
Luzernegrünmehl	5,0	5,0	3,0	5,0
Öl	2,0	2,0	1,5	–
Futterkalk	8,4	8,4	8,4	8,4
Mineralstoff-, Vitaminergänzung	2,0	2,0	2,0	2,0
Umsetzbare Energie ME_N, MJ/kg	11,3	11,2	11,6	11,6
Rohprotein, %	18,6	18,8	19,0	19,0
Lysin, %	0,70	0,70	0,81	0,75
Methionin + Cystein, %	0,65	0,64	0,68	0,65
Rohfaser, %	3,8	4,0	3,3	3,7
Kalzium, %	3,70	3,70	3,70	3,70
NP-P*), %	0,33	0,33	0,33	0,33
Natrium, %	0,16	0,16	0,16	0,16

*) NP-P = Nicht-Phytat-Phosphor

HINWEIS

Bei der Auswahl der Ergänzungsfuttermittel zu den hofeigenen Futterkomponenten muss auf deren Stärken-Schwächen-Profil bezüglich Aminosäuren geachtet werden.

Dem für Hühner typischen Wahlverhalten bei der Futteraufnahme („Futterselektion") kann durch Abgehen vom Konzept des Alleinfutters (alle Futterkomponenten werden in einer Mischung vereinigt) hin zur kombinierten Fütterung gut entsprochen werden. Dazu wird ein Teil des Weizens aus der Mischung genommen und in Mengen von rund 40 Gramm je Tier und Tag in unvermahlener Form in eigenen Futtergefäßen oder in der Einstreu angeboten.

Ähnlich kann mit dem Futterkalk verfahren werden, wobei allerdings die Korngröße nicht zu klein sein sollte.

In Zusammenhang mit dem Wahlverhalten ist auch noch zu beachten, dass Hühner Futterpartikel mit einem Durchmesser von rund 1,4 mm bevorzugt aufnehmen. Wird das Futter auf dem Hof gemischt, sind bei den hofeigenen Futtermitteln zu feine Vermahlungsgrade daher unbedingt zu vermeiden.

HINWEIS

Zu fein vermahlene Futterkomponenten erhöhen die Futterverluste und belasten das Stallklima unnötig (Staub!)

Mit zurückgehender Legeleistung kann etwa ab der 35. Legewoche eine Futtermischung mit einem niedrigeren Proteingehalt als in Tabelle 23 zum Einsatz kommen. Gleichzeitig sollte der Kalzium-Gehalt auf 4,0 bis 4,5 % angehoben werden, um bei den in diesem Lege-Abschnitt zunehmend größeren Eiern eine ausreichende Schalenstabilität gewährleisten zu können.

Bei einer täglichen Futteraufnahme von durchschnittlich 120 g werden bei einer Haltungsdauer von 400 Tagen ca. 48 kg Futter pro Tier verbraucht.

7.2.2 Masthühner

Im Gegensatz zu den Legehennen werden im Bio-Landbau fast ausschließlich Tierherkünfte verwendet, deren Wachstumspotenzial gegenüber den konventionellen Hybriden um rund ein Drittel geringer ist. Diese Tiere können auch auf Öko-Betrieben ohne große Probleme einigermaßen tiergerecht gefüttert werden.

In Tabelle 24 und 25 sind Rezeptur-Vorschläge für ein zweiphasiges Fütterungsprogramm zusammengefasst.

Das **Anfangsmastfutter** ist für die ersten 4 bis 5 Lebenswochen geeignet. In diesem Zeitraum wird vom Alleinfutter rund ein Kilogramm je Tier benötigt.

Der Bedarf an **Endmastfutter** hängt vor allem von der angestrebten Lebendmasse zu Mastende (meist rund 2 kg) und damit von der Mastdauer ab und liegt zwischen 4 und 5 kg.

Während der Anfangsmast müssen die hohen Ansprüche der Tiere an die Zusammensetzung des Futtereiweißes durch den Einsatz hochwertiger Protein-Träger wie Sojabohne und Kartoffeleiweiß sichergestellt werden. Fettreiche Futtermittel, vor allem aber geringe Anteile an Ölen in der Ration erhöhen durch Staubbindung und Farb-Intensivierung die Attraktivität des Alleinfutters und damit auch die Futteraufnahme.

HINWEIS

Eine gute Futteraufnahme ist gerade in der frühen Mastphase von entscheidender Bedeutung für eine zufrieden stellende Entwicklung der Küken.

Ölkuchen aus Sonnenblumen-Saat oder Kürbiskernen bzw. 00-Raps-Saat weisen aufgrund ihrer relativ hohen Anteile an schwefelhaltigen Aminosäuren

(Methionin und Cystein) generell eine günstige Ergänzungswirkung zu den Körnerleguminosen auf, die arm an diesen Eiweißbausteinen sind. Beim Einsatz von Sonnenblumen- und Kürbiskernkuchen begrenzt der hohe Rohfasergehalt die Einmischraten dieser Futtermittel.

Triticale und Weizen enthalten sogenannte NSP („Nicht-Stärke-Polysaccharide"), die von Hühnern nicht verwertet werden und dadurch zu Leistungsminderungen und durchfallähnlichen Erscheinungen führen können. Vor allem bei Triticale, aber auch bei Weizen schwankt der Gehalt an NSP in Abhängigkeit von der Sorte erheblich. Wenn keine NSP-ärmeren Sorten zur Verfügung stehen, ist der Einsatz höherer Maisanteile anstelle von Triticale und Weizen jedenfalls im Anfangsmastfutter zu empfehlen.

HINWEIS

Im Hühner-Endmastfutter müssen laut EU-Verordnung mindestens 65 % Getreide enthalten sein!

Öl- und fettreiche Futtermittel wie Sojabohne (ca. 20 % Fettanteil) sowie Ölkuchen, die meist um die 10 % Restfettgehalt aufweisen, beeinflussen die Zusammensetzung und den Schmelzpunkt des Fettes im Hühnerschlachtkörper. Bei Überschreiten der in den Tabellen angegebenen Anteile an diesen Futtermitteln muss damit gerechnet werden, dass das tierische Fett sehr weich wird, was für Schlachtbetriebe und KonsumentInnen unerwünscht ist.

Wenngleich in der Biologischen Landwirtschaft überwiegend langsam wachsende Tierherkünfte verwendet werden, ist eine ausgewogene Mineralstoff- und Vitamin-Versorgung für das Knochenwachstum und die Gesundheit der Tiere sehr wichtig. Da Geflügel den Phosphor aus Futterpflanzen nur sehr schlecht verwerten kann, ist neben der Versorgung mit Futterkalk auch auf die entsprechende Zufuhr von sogenanntem Nicht-Phytat-Phosphor über ein geeignetes Mineral-Ergänzungsfutter zu achten. Dies ist umso wichtiger, je höher die angestrebte Zuwachsleistung ist.

TAB. 24: *Futtermischungen für die Anfangsmast von Hühnern*

Futtermittel	Einzelfuttermittel in %		
Weizen, Triticale	34,3	45,0	38,2
Mais	20,0	10,0	20,0
Erbse	15,0	–	15,0
Ackerbohne, Lupine	–	20,0	–
Sojabohne	12,6	5,6	8,6
Kartoffeleiweiß	10,0	10,0	10,0
Raps-, Sonnenblumen-, Kürbiskernkuchen	5,0	5,0	5,0
Öl	0,5	1,8	0,5
Futterkalk	1,6	1,6	1,7
Mineralstoff-, Vitaminergänzung	1,0	1,0	1,0
Umsetzbare Energie ME_N, MJ/kg	12,3	12,3	12,4
Rohprotein, %	22,0	22,0	22,0
Lysin, %	1,28	1,25	1,20
Methionin + Cystein, %	0,76	0,74	0,75
Rohfaser, %	3,9	4,2	3,4
Kalzium, %	1,00	1,00	1,00
NP-P*), %	0,50	0,50	0,50
Natrium, %	0,15	0,15	0,15

*) NP-P = Nicht-Phytat-Phosphor

TAB. 25: *Futtermischungen für die Endmast von Hühnern*

Futtermittel	Einzelfuttermittel in %		
Weizen, Triticale	65,0	65,0	65,0
Erbse	10,0	–	22,1
Ackerbohne, Lupine	8,2	21,6	–
Sojabohne	5,0	–	–
Kartoffeleiweiß	2,0	2,5	3,0
Raps-, Sonnenblumen-, Kürbiskernkuchen	7,0	7,0	7,0
Öl	0,6	1,7	0,5
Futterkalk	1,2	1,2	1,4
Mineralstoff-, Vitaminergänzung	1,0	1,0	1,0
Umsetzbare Energie ME_N, MJ/kg	12,2	12,2	12,2
Rohprotein, %	17,6	17,7	18,3
Lysin, %	0,85	0,85	0,85
Methionin + Cystein, %	0,61	0,59	0,60
Rohfaser, %	4,1	4,3	3,5
Kalzium, %	0,85	0,85	0,85
NP-P*), %	0,40	0,40	0,40
Natrium, %	0,15	0,15	0,15

*) NP-P = Nicht-Phytat-Phosphor

7.2.3 Masttruthühner (Mastputen)

Die Fütterung junger Mastputen stellt zweifellos die höchsten Ansprüche an das Wissen ökologisch wirtschaftender Bäuerinnen und Bauern. Die aus der konventionellen Geflügelzucht stammenden Weißen Breitbrustputen besitzen eine so hohe genetische Veranlagung für Wachstum (Muskelfleischbildung), dass sie unter den Bedingungen der Biologischen Landwirtschaft (eiweißreiche Futtermittel aus ökologischer Erzeugung sind kaum verfügbar, der Einsatz synthetischer Aminosäuren ist nicht zulässig) nicht bedarfs- und tiergerecht gefüttert werden können. Die in der konventionellen Mast üblichen Phasenfütterungsprogramme erfordern beispielsweise für den Putenstarter (Alleinfutter für die erste bis vierte Lebenswoche) Proteingehalte von 28 bis 29 % bzw. Lysingehalte von 1,6 bis 1,7 %. Diese Nährstoffdichte ist mit Futtermitteln, die in der Ökologischen Landwirtschaft zugelassen sind, nicht zu erreichen. PraktikerInnen und TierärztInnen berichten in Zusammenhang mit der Aufzucht von Putenküken immer wieder von Kümmerwuchs mit darauf folgenden massiven Gesundheitsproblemen (Infektionen, Störungen des Magen-Darm-Trakts, Skelettproblemen) und hohen Ausfällen.

HINWEIS

Auf extrem rasch wachsende Putenhybriden soll im Biologischen Landbau verzichtet werden, da sich diese nicht mehr artgemäß und schmerzfrei bewegen und auch nicht mehr bedarfsgerecht gefüttert werden können!

Aus diesen Gründen wird für die weitere Entwicklung des Öko-Puten-Sektors mittelfristig die Verfügbarkeit von Rassen/Hybriden, die unter den Bedingungen der Biologischen Landwirtschaft tiergerecht gehalten und gefüttert werden können, unabdingbar sein. Genetische Herkünfte, die diesen Anforderungen entsprechen, werden ein um wenigstens 25 bis 30 % geringeres Wachstumspotenzial als konventionelle Hybriden aufweisen. Die Fütterung dieser Mastputen kann mit Rationen, wie sie beispielhaft in Tabelle 26 angegeben sind, erfolgen.

Dabei wird ein vierphasiges Fütterungsprogramm zugrunde gelegt, das mit zunehmendem Alter bzw. höherer Lebendmasse der Tiere abnehmende Protein- und Aminosäurengehalte und steigende Energiegehalte gewährleistet.

Das Phasenfutter 1 wird in den ersten 4 Lebenswochen angeboten, Phasenfutter 2 in den Wochen 5 bis 8, Phasenfutter 3 in den Wochen 9 bis 14 (nach dieser Mastdauer können die weiblichen Tiere laut EU-Verordnung geschlachtet werden, wenn sie einer langsam wachsenden Tierherkunft angehören), Phasenfutter 4 wird für die Ausmast der Putenhähne bis etwa zur 22. Lebenswoche eingesetzt. Als Richtwerte für den Bedarf an Phasenfutter 1 bis 4 können rund 1 kg, 3–4 kg, 15–20 kg und 25–30 kg angenommen werden.

Der konkrete Futterverbrauch kann in Abhängigkeit von der Entwicklung der Tiere, der konkreten Mastdauer und der Rationszusammensetzung erheblich schwanken!

Etwa ab der 6. Woche können Puten auch sehr gut nach dem Konzept der kombinierten Fütterung, d.h. mit ganzen Getreidekörnern, die zu einem speziellen Ergänzungsfutter angeboten werden, gefüttert werden. In der Biologischen Landwirtschaft könnten die mit dieser Fütterungstechnik verbundenen Vorteile hinsichtlich eines artgemäßen Futteraufnahme-Verhaltens genützt werden. Für Betriebe, auf denen kein Alleinfutter gemischt, sondern das Futter zugekauft wird, ergibt sich dadurch trotzdem die Möglichkeit, das betriebseigene Getreide zu verfüttern.

Die Zusammenstellung von Rationen ohne tierische Eiweißträger ist gerade für Putenküken sehr schwierig. Eiweiß-Futtermittel tierischer Herkunft zeichnen sich nicht nur durch hohe Proteingehalte, sondern auch durch eine hohe Verfügbarkeit des Proteins für die Pute, sowie durch einen hohen Gehalt an anderen wichtigen Nährstoffen, wie z.B. Kalzium und Phosphor, aus. Aus diesen Gründen sind im Phasenfutter 1 in Tabelle 26 auch geringe Anteile an Trockenmagermilch enthalten.

TAB. 26: *Futtermischungen für Mastputen in vier Futterphasen*

Futtermittel	Futterphase, Einzelfuttermittel in %							
	1		2		3		4	
Weizen, Triticale	30,0	30,0	28,5	24,6	42,8	41,8	50,4	48,0
Mais	19,8	17,7	25,0	25,0	10,0	10,0	10,0	10,0
Erbse	–	10,0	–	15,0	–	20,0	–	20,0
Ackerbohne, Lupine	10,0	–	15,0	–	20,0	–	20,0	–
Sojabohne	14,4	15,0	12,0	15,0	10,0	10,0	6,5	9,2
Kartoffeleiweiß	12,5	14,0	11,2	10,3	4,8	5,9	–	–
Raps-, Sonnenblumen-, Kürbiskernkuchen	5,0	5,0	5,0	7,0	7,0	7,0	7,0	7,0
Trockenmagermilch	5,0	5,0	–	–	–	–	–	–
Öl	0,5	0,5	0,6	0,5	3,0	2,9	3,9	3,6
Futterkalk	1,8	1,8	1,7	1,6	1,4	1,4	1,2	1,2
Mineralstoff-, Vitaminergänzung	1,0	1,0	1,0	1,0	1,0	1,0	1,0	1,0
Umsetzbare Energie ME_N, MJ/kg	12,2	12,2	12,3	12,3	12,7	12,7	13,0	13,0
Rohprotein, %	25,0	25,5	23,2	23,0	20,4	20,0	16,9	16,5
Lysin, %	1,51	1,58	1,35	1,36	1,10	1,12	0,80	0,81
Methionin + Cystein, %	0,86	0,89	0,78	0,80	0,67	0,69	0,55	0,56
Rohfaser, %	3,9	3,7	4,2	4,1	4,4	4,1	4,3	4,3
Kalzium, %	1,00	1,00	0,90	0,90	0,80	0,80	0,70	0,70
NP-P*), %	0,55	0,55	0,45	0,45	0,40	0,40	0,35	0,35
Natrium, %	0,15	0,15	0,15	0,15	0,15	0,15	0,15	0,15

*) NP-P = Nicht-Phytat-Phosphor

HINWEIS

Je rascher das Wachstum der Puten, desto wichtiger ist eine bedarfsgemäße Mineralstoffversorgung, um ein tragfähiges Skelett zu erhalten und Leiden und Schäden der Tiere zu vermeiden.

Die vorgeschlagenen Gehalte an Trockenmagermilch sollten grundsätzlich nicht wesentlich überschritten werden, da die Puten den Milchzucker nicht durch körpereigene Enzyme verdauen können und es zu durchfallartigen Symptomen kommen kann. Wenn die nationalen Regelungen bzw. die Verbandsrichtlinien dies zulassen, können nach der EU-Verordnung auch Fischmehle und ähnliche Produkte in der Fütterung von Geflügel und Schwein eingesetzt werden. Dies würde die ausreichende Proteinversorgung der Puten in den ersten Lebenswochen erleichtern.

TIPP

Der Einsatz zugelassener, hochwertiger tierischer Eiweiß-Futtermittel erleichtert die Eiweiß- und Aminosäurenversorgung junger Puten.

Bei Einsatz betriebseigener Körnerleguminosen sollte darauf geachtet werden, dass geringe Anteile von bis zu 10 % schon im Starterfutter enthalten sein sollten, um die Tiere von Beginn an an diese Futtermittel zu gewöhnen. Ähnliches gilt für die Ölkuchen aus Raps- und Sonnenblumensaat oder Kürbiskernen.

Besonders bei jungen Puten ist neben dem entsprechenden Nährstoffgehalt im Futter auch die Angebotsform bzw. die Fütterungstechnik von ganz entscheidender Bedeutung für den Aufzuchterfolg. Ausreichende Fressplatzbreiten und die räumliche Nähe der Futtergefäße, eine gute Beleuchtung der Futtertröge und Tränken sind in den ersten Lebenstagen besonders wichtig, da die Tiere die Futteraufnahme ansonsten verweigern bzw. das Futter nicht auffinden könnten. In dieser Phase, in der sich die Küken noch in den Kükenringen befinden, sollte das Futter nicht nur in den eigentlichen Futtertrögen, sondern zusätzlich dazu auch auf Eihöckern aus Karton (Pappe) angeboten werden, da dies erfahrungsgemäß die frühe Futteraufnahme fördert.

TIPP

Futter- und Tränkeeinrichtungen sollten in den ersten Lebenstagen im Kükenring sternförmig um die Wärmequelle platziert werden.

Die Futterakzeptanz kann auch noch durch eine unangemessene Futterstruktur leiden. Wenn das Futter am Betrieb gemischt wird, ist der Durchmesser der Futterpartikel durch zu feine Vermahlung häufig zu gering. Alleinfutter, das aus solchen Komponenten gemischt wird, führt nicht nur zu einer erhöhten Staubbelastung der Stallluft und Verschmutzung der Tränken durch Verschleppen, sondern wird von den Tieren auch ungern aufgenommen. Wenn auf einem Betrieb diese Probleme bestehen, ist zu überlegen, ob der Putenstarter (von dem in den ersten 4 Wochen etwa 1 bis 1,2 kg je Tier benötigt wird) nicht kommerziell zugekauft werden sollte. Diese Putenstarter sind in der Regel granuliert und helfen, die oben genannten Probleme zu vermeiden.

Bei guter Befiederung sind Puten ab der 6. Woche weidetauglich. Die Tiere nehmen bevorzugt Blätter von Leguminosen und Gräsern, aber auch Samen, Insekten und Weichtiere auf. Die Nährstoff-Bereitstellung aus diesen Futterquellen ist allerdings sehr schwierig einzuschätzen, weshalb auch bei Weidegang die Versorgung der Tiere mit einem geeigneten Alleinfutter erfolgen sollte.

7.2.4 Enten und Gänse

In der Ökologischen Landwirtschaft wird Wassergeflügel meist extensiv gehalten und gefüttert. Wenn das Wachstumspotenzial moderner Herkünfte einigermaßen ausgenutzt werden soll, ist eine ausreichende Nährstoff-Versorgung wichtig. In Abhängigkeit von der angestrebten Leistung ist mit diesen Geflügelarten allerdings die Nutzung von Weiden und Wasserflächen bzw. der Einsatz von Grundfuttermitteln (Grünfutter, Silagen, hygienisch einwandfreie Gemüse-Abfälle etc.) möglich. In diesen Fällen kann vom Konzept des Alleinfutters abgegangen und zur Weide bzw. zum Grundfutter ein angepasstes Ergänzungsfutter zugefüttert werden.

Enten

Bei den Enten werden entweder Stockenten-Typen (Pekingenten) oder Flugenten (auch als Moschusente, Barbarie-Ente, Warzenente, Türkenente etc. bezeichnet) bzw. Tiere aus der Kreuzung dieser Arten (sogenannte Mulard-Enten) gehalten. Die Flugenten weisen meist einen langsameren Wachstumsverlauf, einen deutlicheren Geschlechtsdimorphismus (d.h., die Gewichtsunterschiede zwischen männlichen und weiblichen Tieren sind größer als bei den Stockenten-Typen) und einen höheren Brustmuskel-Anteil bei geringerem Verfettungsgrad des Schlachtkörpers auf. Die Mulard-Ente soll die Vorzüge beider Eltern in sich vereinigen.

Die Anforderungen an die Rationszusammensetzung unterscheiden sich für die unterschiedlichen Enten-Typen (Tab. 27). Während das Starterfutter für Flugenten bis zur 8. Lebenswoche eingesetzt werden sollte, können die Pekingenten bereits in der 5. Woche auf das Mastfutter umgestellt werden. Die hier angegebenen Starterfutter enthalten gegenüber manchen Empfehlungen mit 20 % einen etwas erhöhten XP-Gehalt; dies ist notwendig, um ausreichende Anteile an schwefelhaltigen Aminosäuren (Methionin und Cystein) in der Ration zu erreichen.

HINWEIS

Gemäß EU-Verordnung muss ein Mindestschlachtalter von 49 Tagen für Pekingenten, von 70 Tagen für weibliche bzw. 84 Tagen für männliche Flugenten und von 92 Tagen für Mulard-Enten eingehalten werden.

TAB. 27: *Futtermischungen für Enten und Gänse (Einzelfuttermittel in %)*

Futtermittel	Starterfutter		Mastfutter
Weizen, Triticale	50,5	46,8	62,5
Mais	10,0	20,0	–
Erbse	10,0	10,0	20,0
Sojabohne	10,0	–	–
Kartoffeleiweiß	5,6	10,1	–
Raps-, Sonnenblumen-, Kürbiskernkuchen	5,0	5,0	7,0
Luzerne-Grünmehl	5,0	5,0	5,0
Öl	1,3	0,5	3,5
Futterkalk	1,6	1,6	1,2
Mineralstoff-, Vitaminergänzung	1,0	1,0	0,8
Umsetzbare Energie ME_N, MJ/kg	12,4	12,1	12,7
Rohprotein, %	20,0	20,0	16,4
Lysin, %	0,99	1,02	0,68
Methionin + Cystein, %	0,67	0,70	0,53
Rohfaser, %	4,1	3,9	4,1
Kalzium, %	0,90	0,90	0,70
NP-P*), %	0,35	0,35	0,30
Natrium, %	0,14	0,14	0,13

*) NP-P = Nicht-Phytat-Phosphor

Als Körnerleguminosen wurden in den vorgeschlagenen Rationen Erbsen eingesetzt. Wenn anstelle von Erbsen Ackerbohnen oder Süßlupinen zur Verfügung stehen, kann im Starterfutter der Anteil an Kartoffeleiweiß um etwa 1 % vermindert werden. Bei mangelnder Verfügbarkeit eiweißreicher Körnerleguminosen, wie der Sojabohne, ist der Anteil an proteinreichen Ergänzungsfuttermitteln (hier: Kartoffeleiweiß oder auch Maiskleber) dementsprechend zu erhöhen (Tab. 27).

TIPP

Auf Abweichungen im Energiegehalt reagieren Enten deutlich geringer als Masthühner. Daher kann je nach Preis des Öls dessen Zugabe soweit reduziert werden, dass die Staubbindung noch gegeben ist (0,5–1 %).

Gänse

Die meisten Gänse-Herkünfte weisen ein relativ intensives Jugendwachstum auf. Danach flacht die Wachstumskurve deutlich ab. Dadurch sinkt auch der Nährstoffbedarf sehr rasch. Ab der 6. Lebenswoche finden Gänse mit Proteingehalten im Alleinfutter von rund 13 % (Lysingehalt 0,6 %) das Auslangen und sind daher auch unter den Bedingungen der Biologischen Landwirtschaft vergleichsweise einfach zu ernähren. Dies wird noch durch ihre Fähigkeit zum sogenannten „kompensatorischen Wachstum" verstärkt. Durch niedrige Nährstoffversorgung in der Jugendphase verursachte geringe Lebendmasse-Zunahmen werden in späteren Mastabschnitten aufgeholt („kompensiert").

Gössel sollten bis zur 4. Lebenswoche ein Starterfutter und danach das Mastfutter (Tab. 27) erhalten. Bei einer etwas intensiveren Form der Gänsemast werden diese in 20 Wochen (Mindestschlachtalter laut EU-Verordnung) auf eine Lebendmasse von rund 6 kg aufgemästet und geschlachtet. Eine nennenswerte Weidenutzung ist mit dieser Mastform nicht möglich.

Anders ist dies bei der in verschiedenen Regionen üblichen Form der Weidemast, die gerade für Bio-Betriebe besser geeignet ist. Dabei können die Gänse den Sommer über durch Weidegang und Beifütterung geringer Mengen an Getreide (je nach Weidequalität 50–100 g/Tier und Tag) billig ernährt werden und sind nach einer kurzen (4 bis 6 Wochen), aber intensiven Endmast (je nach Körperkondition bis ca. 400 g Futter/Tier und Tag) im Herbst bzw. Frühwinter schlachtreif. Nach einer Mastdauer von 26 bis 35 Wochen erreichen sie so Lebendmassen zwischen 6 und 7 kg. In der Endmast kann das Mastfutter aus Tabelle 27 im Verhältnis 1:1 mit Getreide vermischt werden, sodass in der Endmast-Ration ein Proteingehalt von rund 14 % erreicht wird.

HINWEIS

Die Weidemast stellt ein sehr tiergerechtes und ökonomisch günstiges Mastverfahren dar, das eine auf die saisonale Nachfrage nach Mastgänsen abgestimmte Vermarktung erlaubt.

7.2.5 Perlhühner

Mastperlhühner erreichen je nach Intensität der Fütterung bei einem Mindestschlachtalter von 94 Tagen (EU-Verordnung!) Lebendmassen von etwa 2 kg bei einem Futteraufwand von 3,2 bis 3,5 kg je kg Zuwachs. Auffallend ist, dass die weiblichen Tiere üblicherweise etwas schwerer als die männlichen sind. Ab der 10. Woche vermindern sich die Zunahmen deutlich. Dementsprechend ist die Fütterung nach einem dreiphasigen Programm empfehlenswert. Bis zur 4. Woche sollte ein Starterfutter ähnlich dem Starterfutter für Masthühner (Tab. 24), jedoch mit einem etwas höheren Energiegehalt eingesetzt werden. Letzteres kann durch Ersatz anderer Getreidearten durch Mais oder durch die Erhöhung des Öl-Anteils im Futter auf ca. 2 % erreicht werden. Bis zur 8. Woche kann ein Futter in der Zusammensetzung des Phasenfutters 3 für Puten und danach ein Gemenge aus Getreide und dem Phasenfutter 4 für Puten (Tab. 26) im Verhältnis 1:1 gefüttert werden.

TIPP

Wie auch bei anderen Geflügelarten sollte bei hofeigenem Mischfutter der Vermahlungsgrad der Einzelkomponenten keinesfalls zu fein gewählt werden, da Perlhühner als Körnerfresser gröbere Partikel bevorzugen.

Als ursprünglich in Afrika beheimatetes Savannentier können Perlhühner etwa ab der 6. Lebenswoche auch ein Weideangebot sehr gut nutzen und nehmen dort neben Sämereien, jungen Gräsern und kleinblättrigen Pflanzen auch Insekten und Weichtiere auf.

7.2.6 Wachteln

Die Japanische Wachtel ist als landwirtschaftliches Nutztier sowohl wegen ihrer hohen Legeleistung als auch wegen der guten Masteignung speziell gezüchteter Mastlinien von Interesse. Die Legeleistung liegt bei 280 und mehr Eiern jährlich (Einzeleimasse 10 bis 12 g). Wachteln von Mastlinien wiegen nach 6 Wochen Mastdauer zwischen rund 160 g (Hähne) bis zu 200 g (Hennen). Der Futteraufwand in der Mast liegt im Durchschnitt bei 3,6 bis 3,9 g Futter/g Zunahme.

Da Wachteln eine höhere Stoffwechselrate als Hühner besitzen und das Futteraufnahme-Vermögen ausgewachsener Tiere je Tag etwa 20 bis 30 g beträgt, benötigen sie höhere Nährstoffgehalte im Futter als Hühner. Mögliche Rezepturen für Alleinfutter-Mischungen sind in Tabelle 28 dargestellt. Dabei entspricht der Rationsvorschlag für Aufzucht und Mast dem Putenfutter Phase 2 (Tab. 26).

TIPP

Ein Aufzuchtfutter mit den hier angegebenen Protein- und Aminosäurengehalten ist jedenfalls während der ersten drei Lebenswochen zu füttern, in denen die Küken die höchste Wachstumsintensität aufweisen!

TAB. 28: *Futtermischungen für Wachteln*

Futtermittel	Aufzucht- und Mastfutter	Legefutter
	Einzelfuttermittel in %	
Weizen, Triticale	24,6	32,6
Mais	25,0	20,0
Erbse	15,0	15,0
Sojabohne	15,0	10,0
Kartoffeleiweiß	10,3	8,0
Raps-, Sonnenblumen-, Kürbiskernkuchen	–	4,0
Luzerne-Grünmehl	7,0	–
Öl	0,5	3,0
Futterkalk	1,6	6,4
Mineralstoff-, Vitaminergänzung	1,0	1,0
Umsetzbare Energie ME_N, MJ/kg	12,3	12,5
Rohprotein, %	23,0	20,4
Lysin, %	1,36	1,06
Methionin + Cystein, %	0,80	0,71
Rohfaser, %	4,1	3,1
Kalzium, %	0,90	2,70
NP-P*), %	0,50	0,45
Natrium, %	0,15	0,15

*) NP-P = Nicht-Phytat-Phosphor

8 Fütterungsbedingte Erkrankungen

8.1 Schwein

8.1.1 MMA-Komplex (Mastitis, Metritis, Agalaktie)

Damit es zum Ausbruch der MMA-Komplexerkrankung kommen kann, müssen bestimmte, den Ausbruch begünstigende Umstände vorliegen.

Es ist eine fieberhafte Erkrankung (> 39,5° C) nach der Geburt, umfasst Entzündungen des Gesäuges (Mastitis), Entzündungen der Gebärmutter (Metritis) und Milchmangel (Agalaktie). Aus dem Darm stammende Koli-Bakterien, Streptokokken und Staphylokokken gelangen über den Blutkreislauf in die Gebärmutter und das Gesäuge.

Es handelt sich grundsätzlich um eine multifaktorielle Erkrankung (d.h. es gibt eine Vielzahl von Ursachen oder krankheitsbegünstigenden Faktoren). Von Seiten der Fütterung sind Überfütterung vor der Geburt und ein Überangebot an Energie MMA-fördernd.

Die Erkrankung tritt bevorzugt ab der 2. Geburt und bei übergewichtigen Sauen auf. Die Körpermasse-Zunahme ab der 2. Trächtigkeit sollte daher nicht mehr als 50 kg betragen. Es kommt sonst während der Trächtigkeit zu einer Verfettung mit einer Wehenschwäche, die zu einer Verlängerung der Geburtsdauer führt und durch eine aufsteigende Infektion mit Koli-Bakterien eine Gesäugeentzündung hervorruft.

Protein- und Vitamin A- Mangel werden ebenfalls als prädisponierende Faktoren diskutiert, da die Immunabwehr geschwächt wird.

Limitiertes Wasserangebot in der Trächtigkeit und ein alkalischer Harn (begünstigt durch einen Kalzium- und Magnesium-Überschuss) erhöhen das Risiko einer Harnwegsinfektion und in weiterer Folge auch die Wahrscheinlichkeit für eine Gesäugeentzündung. Rohfasermangel in der Ration und eingeschränkte Bewegungsaktivität führen zu Darmträgheit und Verstopfung, was wiederum die Vermehrung der Bakterien begünstigt; letzteres sollte in der Ökologischen Landwirtschaft aufgrund der Raufutterzuteilung und der tiergerechteren Haltungssysteme kein Problem darstellen. Eine Umstallung kurz vor der Geburt sollte grundsätzlich vermieden werden.

TIPP

Zur MMA-Prophylaxe kann bei Problemsauen eine Futtermengenrestriktion 1–2 Tage vor der Geburt (1–2 kg) sowie eventuell die Gabe abführend wirkender Komponenten wie Weizenkleie (0,5 kg/Tag) oder Glaubersalz (3 Esslöffel/Tag) empfohlen werden. Futterwechsel sollten zu Beginn des letzten Trächtigkeitsdrittels bzw. erst eine Woche nach der Geburt durchgeführt werden, eine hohe Wasseraufnahme ist sicherzustellen!

8.1.2 Fehlende oder späte Rausche, Umrauschen

Ad libitum gefütterte Jungsauen sind zum Zeitpunkt der Geschlechtsreife schwerer als verhalten gefütterte. Sie neigen häufig zu stiller Brunst. Die während der Trächtigkeit intensiv gefütterte Sau nimmt während der Säugezeit zu wenig Futter auf und verliert Körpermasse.

Während der Trächtigkeit soll die Sau knapp mit Nährstoffen versorgt werden, denn verhalten gefütterte Sauen fressen während der Säugezeit besser (siehe Kapitel 7.1.1). Das Sättigungsfutter (Raufutter, Silagen, Grünfutter) ist davon nicht betroffen.

Zu starke Gewichtsschwankungen von der Trächtigkeit bis zum Absetzen der Ferkel führen oft zum verspäteten Einsetzen oder völligen Ausbleiben der Rausche. Andererseits verzögert eine starke Futterbeschränkung das Eintreten der Rausche.

Die Gefahr des Fruchttodes steigt mit energetischer Überversorgung während der Trächtigkeit (die Anzahl der abgestorbenen Embryonen steigt mit zunehmender Verfettung). Mycotoxine wie das Zearalenon führen wegen ihrem hormonähnlichen Charakter zu Fruchtbarkeitsstörungen. Die Gebärmutter vergrößert sich, die Eierstöcke verkümmern. Die Trächtigkeitsrate geht zurück, es kommt zu vermehrtem Umrauschen, zu Mumifikationen, Früh- und Fehlgeburten, kleinen Würfen und einem Anstieg der Neugeborenensterblichkeit in den ersten 10 Tagen.

TIPP

Überfütterung in der Trächtigkeit ist unbedingt zu vermeiden, eine bedarfsgerechte Fütterung ist sicherzustellen! Die regelmäßige Beurteilung der Körperkondition der Sauen ist dabei ein wichtiges Hilfsmittel. Der Futterhygiene und der Möglichkeit zu ausreichender Bewegung ist besonderes Augenmerk zu schenken!

8.1.3 Ferkeldurchfall

Für den Ausbruch einer Darmerkrankung gibt es eine Reihe von begünstigenden Faktoren. Vor allem das Fehlen von Antikörpern (den Abwehrkräften gegen Infektionserreger) ist ausschlaggebend. Dieser Schutz wird den Ferkeln mit dem Kolostrum (Biestmilch) übertragen. Futterumstellung, Überfütterung und verdorbenes Futter führen zu Verdauungsstörungen. Bei Futterumstellung nach dem Absetzen oder der Umstallung in die Vormast kommt es besonders bei ad libitum, weniger bei rationiert gefütterten Ferkeln zu Verdauungsstörungen. Durch die plötzliche vermehrte Aufnahme von Festfutter kommt es zu einer Abnahme der Höhe der Darmzotten und damit zu einer Verringerung der Enzymaktivität im Dünndarm. Das Futter wird weniger gut verdaut und der Verdauungsbrei bietet einen guten Nährboden für Bakterien. Toxinbildende Kolibakterien vermehren sich explosionsartig und wandern aufwärts in den Dünndarm, heften sich an den Darmschleimhautzellen an und geben Gifte ab. Ein hoher Gehalt an Rohprotein ist besonders für eiweißabbauende Keime (z.B. Clostridien) ein hervorragender Nährboden.

Wird der Verdauungstrakt durch große Mengen an Futter oder durch schlecht verdauliche Futtermittel (pflanzliche Proteine, unbehandelte Getreidestärke) überfordert, kommt es durch die unvollständige Resorption (Aufnahme) der gelösten Stoffe zu osmotisch bedingten Durchfällen. Die unverdauten Nährstoffe im Darminneren verursachen eine Verzögerung der Wasseraufnahme aus dem Darm. Die Darmmotorik (Bewegungsvorgänge im Darm) spielt ebenfalls eine Rolle bei der Entstehung der absetzbedingten Erkrankungen. Durch die plötzliche Aufnahme großer Mengen fester Futtermittel kommt es vorübergehend zu einer Verringerung der Darmmotorik. Dadurch wird es Fremdkeimen erleichtert, sich im Dünndarm zu vermehren und die vorhandenen Bakterien zu verdrängen. Die verschiedenen Erreger von Darmerkrankungen erfassen nie den Darm in seiner ganzen Länge, sondern nur bestimmte Abschnitte. Kolikeime, Clostridien oder Rotaviren befallen den mittleren Dünndarm (Leerdarm), andere verursachen Entzündungen der Blind- und Dickdarmschleimhaut.

TIPP

Ein abrupter Futterwechsel, mangelnde Futterhygiene (vermilbtes, verkeimtes, verpilztes Futter) oder Nährstoffmangel sind unbedingt zu vermeiden. Die Wasserqualität und eine entsprechende Fütterungstechnik (für Ferkel kein Zugang zum Sauentrog, optimale Hygiene im Futtertrog bzw. Automaten) müssen beachtet werden.

8.2 Geflügel

8.2.1 Federpicken und Kannibalismus

Anhaltende Belastungssituationen führen zu einer Steigerung der Erregbarkeit, so dass die Tiere bei geringen zusätzlichen äußeren Reizen sehr schnell und stark erregt werden.

Federpicken und Kannibalismus sind Verhaltensstörungen, die multifaktoriell (durch viele Ursachen) bedingt sind. Die eigentlichen Auslöser sind nicht bekannt. Sofern die Rationen den Anforderungen entsprechen, werden Haltungsfehler, genetische Dispositionen und „Langeweile" diskutiert. Eine unausgewogene AS-Versorgung, mangelnde Futterhygiene, nicht tiergerechte Futterstruktur und auch ein Mangel bzw. Überschuss an Kochsalz werden als Fütterungsfaktoren angenommen. Federpicken wird als fehlgeleitetes Futterpicken (ungenügende Befriedigung des Picktriebes) angesehen. Schäden treten auf, wenn die Federn ausgerupft werden.

TIPP

Als prophylaktische Maßnahmen wirken sich das Anbieten von Korn- und Halmstrukturen und eine Verbesserung der Magnesium-Versorgung günstig aus.

Kannibalismus ist eine ähnliche Verhaltensstörung wie das Federpicken. Küken und Legetiere fügen sich schwere Verletzungen zu, die zum Tod durch Verbluten führen können. Verhaltensstörungen bleiben häufig auch nach Änderung der Umweltverhältnisse bestehen, da sie durch Lernprozesse fixiert worden sind. Umweltbedingungen, unter denen Verhaltensstörungen auftreten, sind zu analysieren und zu beseitigen.

8.2.2 Gicht (Puten, Masthuhn)

Ein Mangel an bestimmten Vitaminen (B-Komplex, E) und an Mangan führt zu einer Erkrankung, die sich in einem gestörten Allgemeinbefinden mit Durchfällen und Bewegungsstörungen durch schmerzhafte Gelenkschwellungen zeigt.

8.2.3 Störungen des Stoffwechsels von Mineralstoffen

Ein Mangel an Kalzium, an Phosphor oder an Vitamin D führt beim wachsenden Geflügel zur Rachitis, die sich im Extremfall in Knochenverbiegungen und -brüchen äußern kann. Störungen der Skelettentwicklung (Beinschwäche) haben häufig ebenfalls komplexe Ursachen.

Ein unausgeglichenes Verhältnis von verschiedenen essentiellen Nährstoffen sowie Mycotoxine, die die Aktivierung des Vitamin D in der Leber und in den Nieren hemmen, werden in der Literatur beschrieben.

TIPP

Zur Erhaltung der Tiergesundheit ist unbedingt auf eine ausgewogene Mineralstoff- und Vitaminversorgung zu achten!

9 Produktqualität und Fütterung

Lebensmittel tierischer Herkunft aus Biologischer Landwirtschaft werden neben anderen Motiven auch wegen der Erwartung höchster Produktqualität nachgefragt. Um dieser Erwartungshaltung entsprechen zu können, sind Kenntnisse um qualitätsbeeinflussende Faktoren nötig. Grundsätzlich wird eine Vielzahl möglicher Qualitätsmerkmale durch die genetische Herkunft der Tiere, die Haltungs- und Transportbedingungen, den Gesundheitsstatus der Tiere, die Fütterung sowie ganz wesentlich durch die Be- und Verarbeitung beeinflusst. Eine allgemein gültige Einschätzung der Qualitätswirkung (d.h. Verbesserung, Verschlechterung, keine Beeinflussung) bestimmter produktionstechnischer Maßnahmen ist dabei nicht möglich.

TIPP

Die Qualität tierischer Lebensmittel kann durch viele Faktoren beeinflusst werden; die Be- und Verarbeitung spielt gerade bei Fleisch eine besonders wichtige Rolle.

Aus dem Blickwinkel der Tierernährung können verschiedene Qualitätsmerkmale in unterschiedlichem Ausmaß durch die Fütterung verändert werden (Tab. 29). Die Angaben beziehen sich auf praxisübliche Verhältnisse; durch sehr extreme Rationszusammensetzungen, wie sie in wissenschaftlichen Versuchen möglich ist, können mitunter stärkere Abweichungen in der Produktbeschaffenheit erzielt werden.

TAB. 29: *Beeinflussung der Produktqualität durch die Fütterung*

Produkt	**Kein bis geringer Einfluss**	Mittlerer bis starker Einfluss
Schwein: Schlachtkörper, Fleisch	Ausschlachtung Fleischfarbe Wasserbindungsvermögen Zartheit Geschmacksfehler Eiweißgehalt Mineralstoffgehalt Cholesteringehalt	Magerfleischanteil Verfettungsgrad Fettgehalt, Verzehrsqualität ungesättigte Fettsäuren Schmelzpunkt, Oxidation, Konsistenz Lagerfähigkeit Dauerwaren
Geflügel: Schlachtkörper, Fleisch	Haltbarkeit Koch/Bratverlust Zartheit, Saftigkeit Eiweißgehalt Mineralstoffgehalt Cholesteringehalt	Hautfarbe Fleischfülle Verfettungsgrad Fettgehalt ungesättigte Fettsäuren Geschmacksfehler
Ei	Schalenfarbe Wassergehalt Eiweißgehalt Mineralstoffgehalt Cholesteringehalt	Schalenstärke, Bruchfestigkeit Einzeleimasse (Eigröße) Dotterfarbe Geschmacksfehler ungesättigte Fettsäuren Spurenelemente bestimmte Vitamine

Schlachtkörper bzw. Fleisch von Schwein und Geflügel weisen bei optimaler Aminosäuren-Versorgung der Tiere hohe Magerfleischanteile (Fleischfülle) und einen niedrigen Verfettungsgrad bzw. **Fettgehalt** auf.

Der häufig erwünschte niedrige Fettgehalt hat allerdings hinsichtlich der **Verzehrsqualität** beispielsweise von Schweinefleisch durchaus Nachteile. Für eine hohe Verzehrsqualität (Aroma, Geschmack, Saftigkeit) wären Fettgehalte im Muskel von 2 % wünschenswert, in der Praxis liegen die Werte meist zwischen 1 und 1,2 %.

HINWEIS

Die Erzeugung von Schlachtkörpern mit möglichst niedrigem Verfettungsgrad bzw. von Fleisch mit sehr geringem Fettgehalt ist aus Sicht der Verzehrsqualität nicht wünschenswert; Schlachtkörper mit einem „mittleren" Verfettungsgrad sind diesbezüglich zu bevorzugen.

Neben der Menge ist auch die **Zusammensetzung des tierischen Fettes** durch die Fütterung deutlich beeinflussbar. Der Gehalt an mehrfach ungesättigten Fettsäuren hängt direkt von deren Anteil im Futter ab.

Diese mehrfach ungesättigten Fettsäuren werden einerseits für die menschliche Ernährung als positiv eingeschätzt.

Andererseits vermindern sie den Schmelzpunkt des Fettes (weich-schmierige Beschaffenheit), erhöhen die Oxidationsempfindlichkeit (Anfälligkeit gegen Ranzigkeit) und vermindern damit die Lagerfähigkeit von Fleisch-Dauerwaren.

Reich an diesen Fettsäuren sind alle ölhaltigen Futtermittel (Ölkuchen, fettreiche Körner und Samen), aber beispielsweise auch Grünfutter (Gras). Von diesen Futtermitteln sollten daher nicht zu hohe Anteile in der Ration enthalten sein, damit die genannten Probleme nicht auftreten.

Im Gegensatz zur Fettzusammensetzung ist der Gehalt an Eiweiß und Mineralstoffen im Fleisch kaum durch die Fütterung beeinflussbar.

Bei Geflügelfleisch und Eiern wird immer wieder von **Geschmacksfehlern** nach Verfütterung ungeeigneter Futtermittel (z.B. verdorbenes Futterfett) oder wegen zu hoher Anteile bestimmter Futtermittel (z.B. Rapsprodukte, Fischmehle) in der Ration berichtet. Hier können nur entsprechende Vorsichtsmaßnahmen Abhilfe schaffen: Keine Verfütterung von Futtermitteln, die nicht einwandfrei sind und Einhaltung der empfohlenen Obergrenzen für den Einsatz „kritischer" Futtermittel! Die Ausbildung eines „Fischaromas" im Ei muss aber nicht zwingend durch Fütterungsfehler verursacht werden, sondern kann auch mit Erkrankungen der Legehennen (Eierstock-, Eileiterentzündungen) in Zusammenhang stehen.

Bei Eiern kann die **Schalenstabilität** durch eine bedarfsgerechte Kalzium-Versorgung verbessert werden. Eiinhaltsstoffe, die Fütterungseinflüssen unterliegen, sind der Gehalt an Carotinoiden, ungesättigten Fettsäuren, einigen Spurenelementen und den Vitaminen A, D, E, K sowie Vitaminen des B-Komplexes. Der Carotinoid-Gehalt im Dotter ist direkt für dessen Farbe verantwortlich. Da der Einsatz synthetischer Farbstoffe in der Ökologischen Landwirtschaft nicht erlaubt ist, kann die **Dotterfarbe** größere Schwankungen als in der konventionellen Legehennen-Haltung aufweisen. Der Zugang zu Grünfutter in der Vegetationszeit wirkt sich diesbezüglich positiv aus, vor allem unterstützt aber auch der in den hier vorgeschlagenen Rationen enthaltene Maiskleber die Ausbildung der von den KonsumentInnen gewünschten orange-gelben Farbtöne. Ähnliches gilt für Masthühner, wenn diese die genetische Veranlagung für eine gelbe Hautfarbe besitzen.

HINWEIS

Das Wissen um mögliche Effekte von Fütterungsmaßnahmen auf die Produktqualität ist zumeist für die Vermeidung von Fehlern wichtig; in Einzelfällen kann durch gezielte Maßnahmen aber auch Marktwünschen entsprochen werden.

Weiterführende Literatur

- Bayerische Landesanstalt für Tierzucht, BLT (1999): Futterberechnung für Schweine. Poing: Eigenverlag.
- BMUK (Bundesministerium für Unterricht und kulturelle Angelegenheiten), Hrsg. (1999): Schweinehaltung in Österreich – Von der Biologie des Schweines bis zur Praxis in der Nutztierhaltung. Wien: Eigenverlag.
- BMUK (Bundesministerium für Unterricht und kulturelle Angelegenheiten), Hrsg. (o.J.): Legehennenhaltung in Österreich – Von der Biologie des Huhnes bis zur Praxis in der Nutztierhaltung. Wien: Eigenverlag.
- Deutsche Landwirtschafts-Gesellschaft, DLG (1991): DLG-Futterwerttabellen – Schweine. 6. erw. u. neu gest. Aufl. Frankfurt (Main): DLG-Verlag.
- Eich, K.-O., U. Schmidt, 2002: Handbuch Schweinekrankheiten. Frankfurt (Main): Verlags Union Agrar.
- Gesellschaft für Ernährungsphysiologie, GfE (1999): Empfehlungen zur Energie- und Nährstoffversorgung der Legehennen und Masthühner (Broiler). Frankfurt (Main): DLG-Verlag.
- Heider, G., G. Montreal (1992): Krankheiten des Wirtschaftsgeflügels, Bd I. Stuttgart: Gustav Fischer.
- Hörning B., S. Raskopf u. C. Simantke (1999): Artgemäße Schweinehaltung: Grundlagen und Beispiele aus der Praxis. Bad Dürkheim: SÖL.

- Kamphues, J., D. Schneider, J. Leibetseder (1999): Supplemente zu Vorlesungen und Übungen in der Tierernährung, 9. Aufl. Hannover: Scharper.

- König, H. E., H. G. Liebich (1999): Anatomie der Haussäugetiere, Lehrbuch und Farbatlas für Studium und Praxis, Bd II. Stuttgart, New York: Verlag Schattauer.

- König, H. E., H. G. Liebich (2001): Anatomie und Propädeutik des Geflügels, Lehrbuch und Farbatlas für Studium und Praxis. Stuttgart, New York: Verlag Schattauer.

- Jeroch H., W. Drochner u. O. Simon (1999): Ernährung landwirtschaftlicher Nutztiere. Stuttgart: Ulmer.

- Larbier M. und B. Leclercq (1992): Nutrition and Feeding of Poultry. Leicestershire: Nottingham Univ. Press.

- National Research Council, NRC (1994): Nutrient Requirements of Poultry. 9th rev. ed. Washington: National Acadamy Press.

- Porzig E. u. H. H. Sambraus, Hrsg. (1991): Nahrungsaufnahmeverhalten landwirtschaftlicher Nutztiere. Berlin: Deutscher Landwirtschaftsverlag.

- Wlcek, S. (2002): Die systemkompatible Ernährung von Schweinen im Biologischen Landbau – Untersuchungen zum Aufkommen und Futterwert von Nebenprodukten aus der Verarbeitung biologisch erzeugter Lebensmittel. Diss., Inst. f. Nutztierwiss., Univ. f. Bodenkultur Wien.

ÖSTERREICH:

- ARGE Bio-Landbau/Bio-Information, Wickenburggasse 14/9, 1080 Wien, Servicetelefon zum Ortstarif: 0810/221314, service@bioinformation.at, www.bioinformation.at
- ARGE Huhn & Co., 4553 Schlierbach 7, Tel. 07582/81017-15, huhn@igv.at, www.huhn.igv.at
- Bioverband Erde und Saat, Hanriederstraße 8, 4132 Lembach, Tel. 07286/7517, kontakt@erde-saat.at, www.erde-saat.at
- Demeter-Bund, Hietzinger Kai 127/2/31, 1130 Wien, Tel. 01/8794701, www.demeter.at
- DINATUR, Wienerstraße 29, 8230 Hartberg, Tel. 03332/62623-4643, dinatur@nextra.at, www.dinatur.at
- ERNTE für das Leben – Österreich, Bundesstelle, Europaplatz 4, 4020 Linz, Tel. 0732/654884, bio@ernte.at, www.ernte.at
- ERNTE für das Leben – Burgenland, Hauptstraße 69, 7350 Oberpullendorf, Tel. 02612/43642, burgenland@ernte.at
- ERNTE für das Leben – Kärnten, Gasometergasse 2, 9020 Klagenfurt, Tel. 0463/33263, kaernten@ernte.at
- ERNTE für das Leben – Niederösterreich und Wien, Norbertinumstraße 9, 3013 Tullnerbach, Tel. 02233/56522, niederoesterreich@ernte.at
- ERNTE für das Leben – Oberösterreich, Auf der Gugl 3, 4021 Linz, Tel. 0732/6902-1420, oberoesterreich@ernte.at
- ERNTE für das Leben – Salzburg, Schwarzstraße 19, 5024 Salzburg, Tel. 0662/870571-313, salzburg@ernte.at
- ERNTE für das Leben – Steiermark, Krottendorferstraße 81, 8052 Graz, Tel. 0316/8050-7144, steiermark@ernte.at
- ERNTE für das Leben – Tirol, Wilhelm-Greil-Straße 9, 6020 Innsbruck, Tel. 0512/572993, tirol@ernte.at

- ERNTE für das Leben – Vorarlberg, Jahnstraße 20, 6900 Bregenz, Tel. 05574/46930, vorarlberg@ernte.at
- Freiland Verband, Wickenburggasse 14/9, 1080 Wien, Tel. 01/4088809, office@freiland.or.at, www.freiland.or.at
- Hofmarke, 4553 Schlierbach 226, Tel. 07582/61404-0, Mobil 0699/11343252, office@hofmarke.at, www.hofmarke.at
- KOPRA, Jahnstraße 20, 6900 Bregenz, Tel. 05574/53753-18, kopra@lk-vbg.at, www2.vol.at/kopra
- Oekowirt Informationsservice, Feyregg 39, 4552 Wartberg, Tel. 07587/7177, oekowirt@oekoland.at, www.oekoland.at/oekowirt
- ÖIG BIOLANDBAU, Hanriederstraße 8, 4132 Lembach, Tel. 07286/20022, www.oekoland.at
- ORBI – Förderungsgemeinschaft für gesundes Bauerntum, Nöbauerstraße 22, 4060 Leonding, Tel. 0732/675363
- Institut für Ökologischen Landbau, Universität für Bodenkultur Wien, Gregor Mendel-Straße 33, 1180 Wien, Tel. 01/47654-3750
- Institut für Nutztierwissenschaften, Universität für Bodenkultur Wien, Gregor Mendel-Straße 33, 1180 Wien, Tel. 01/47654-3250

DEUTSCHLAND:

- ArbeitsGemeinschaft Ökologischer Landbau (AGÖL) e.V., Rungestraße 19, 10179 Berlin, Tel. 030/23458650, AGOEL@T-online.de, www.agoel.de
- Beratung & Projektmanagement Ökologischer Landbau, Hintergasse 23, 35325 Mücke, Tel. 06400/6787
- Beratung Artgerechte Tierhaltung e.V. (BAT), Postfach 1131, Am Eschenbornrasen 11, 37201 Witzenhausen, Tel. 05542/72558
- Beratungsdienst Ökologischer Landbau (BÖL), Brenzstraße 2, 74523 Schwäbisch Hall, Tel. 07904/700702
- Beratungsdienst Ökologischer Landbau Ulm (BÖL), Pfefflingerstraße 2, 89073 Ulm, Tel. 0731/24729
- Biokreis e.V., Regensburgerstraße 34, 94036 Passau, Tel. 0851/75650-0, biokreis@t-online.de, www.biokreis-online.de

- Bioland Bundesverband, Kaiserstraße 18, 55116 Mainz, Tel. 06131/23979-0, www.bioland.de
- Bioland Baden-Württemberg, Eugenstraße 21, 72622 Nürtingen, Tel. 07022/93266-40
- Bioland Bayern, Postfach 110 304, 86028 Augsburg, Tel. 0821/34680-0
- Bioland Brandenburg/Berlin, Dorfstraße 15, 15910 Pretschen, Tel. 035476/3177
- Bioland Hessen/Thüringen/Sachsen-Anhalt, Londorfer Straße 28, 35305 Grünberg, Tel. 06401/9170-0
- Bioland Niedersachsen, Riepholm 10, 27374 Visselhövede, Tel. 04262/2306
- Bioland Nordrhein-Westfalen, Im Hagen 5, 59069 Hamm-Süddinker, Tel. 02385/9354-0
- Bioland Rheinland Pfalz/Saarland, Rüdesheimerstraße 68, 55545 Bad Kreuznach, Tel. 0671/44319
- Bioland Schleswig-Holstein, Hamburg, Lindenplatz 4, 24582 Bordesholm, Tel. 04322/7594-0
- Fachgebiet Ökologische Land- und Pflanzenbausysteme/FÖL, Nordbahnhofstraße 1a, 37213 Witzenhausen, Tel. 05542/98-1565
- Forschungsinstitut für Biologischen Landbau, www.fibl.de; FiBL Berlin e.V., Rungestraße 19, 10179 Berlin, Tel. 030/2758175-0, Berlin@FiBL.de; Geschäftsstelle Frankfurt, Galvanistraße 28, 60486 Frankfurt am Main, Tel. 069/7137699-0, Frankfurt@FiBL.de
- GÄA Bundesverband, Am Beutlerpark 2, 01217 Dresden, Tel. 0351/4012389, info@gaea.de
- Institut für Ökologischen Landbau (OEL), Trenthorst 32, 23847 Westerau, Tel. 04539/1819-0, oel@fal.de, www.oel.fal.de
- Landwirtschaftskammer Hannover, Referat Ökologischer Landbau, Finkenbornerweg 1a, 31787 Hameln, Tel. 05151/987163
- Landwirtschaftskammer Rheinland, Referat Ökolandbau, Endenicher Allee 60, 53115 Bonn, Tel. 0228/703-0
- Naturland – Verband für naturgemäßen Landbau e.V., Kleinhaderner Weg 1, 82166 Gräfelfing, Tel. 089/8980820, Naturland@naturland.de, www.naturland.de

- Ökoring Brandenburg, Nahmitzer Damm 26, 12277 Berlin-Marienfelde, Tel. 0171/2752414
- Ökoring Niedersachsen, Ernst-August-Straße 9, 29664 Walsrode, Tel. 05161/9865-0
- Ökoring Schleswig-Holstein, Am Kamp 9, 24783 Osterrönfeld, Tel. 04331/333460
- Stiftung Ökologie & Landbau, Weinstrasse Süd 51, 67098 Bad Dürkheim, Tel. 06322/989700, info@soel.de, www.soel.de

SCHWEIZ:

- BIO SUISSE, Margarethenstraße 87, 4053 Basel, Tel. 061/3859610, bio@bio-suisse.ch, www.bio-suisse.ch
- Fidelio-Biofreiland AG, Laurenzenvorstadt 87, Postfach, 5001 Aarau, Tel. 062/8242123, fidelio@fidelio.ch, www.fidelio.ch
- Forschungsinstitut für Biologischen Landbau (FiBL), Büro Romandie, Institut de recherche de l'agriculture biologique (IRAB), Ch. des Brumes 2/CP 3034, 1110 Morges 3, Tel. 021/8025365; jean-luc.tschabold@fibl.ch
- Forschungsinstitut für Biologischen Landbau (FiBL), Ackerstraße, 5070 Frick, Tel. 062/8657272, admin@fibl.ch, www.fibl.ch
- kagfreiland, Engelgasse 12a, 9001 St. Gallen, Tel. 071/2221818, www.kagfreiland.at
- Landwirtschaftliche Beratungszentrale Lindau (LBL), Biolandbau-Beratung, Eschikon 28, 8315 Lindau, Tel. 052/3549760, www.lbl.ch
- Oekologie & Innovation, Bioberatung, Unterer Zielweg 113, 4143 Dornach, Tel. 061/7031188
- Service romand de vulgarisation agricole (SRVA), Conseil en agriculture biologique, Jordils 1, 1000 Lausanne, Tel. 021/6194424, www.arcbio.org

INTERNATIONAL:

- IFOAM Head Office, c/o Ökozentrum Imsbach, D-66636 Tholey-Theley, Germany, Phone: +49/6853/919890, HeadOffice@ifoam.org; www.ifoam.org

Index